职业教育机械类专业系列教材

U0290539

三维设计与3D打印技术

王延军　于雪芹　主　　编

陈　莉　李连超　副主编

刘玉山　主　　审

电子工业出版社

Publishing House of Electronics Industry

北京 · BEIJING

内 容 简 介

3D 打印技术是新产品开发的重要工具，已在很多领域获得了成功的应用。随着这项技术的普及，它越来越多地走进职业教育中，成为职业院校学生急需掌握的一项基本技能。本书针对职业院校学生的特点，将主流的三维设计软件和 3D 打印设备相结合，通过具体的、循序渐进的实例任务，使读者可以掌握 UG NX 的建模方法和桌面式 3D 打印机的操作技巧。全书共有五个项目，每个项目都围绕一个建模或打印的专题安排了若干实用、有趣的打印任务，并且每个任务都给出了从需求、建模、打印到后处理的详细操作过程。读者可在体会 3D 打印乐趣的同时掌握建模和打印机的操作技能。

本书可作为各类职业院校机械设计与制造、增材制造等专业的教材，也可作为 3D 打印爱好者的参考用书。

未经许可，不得以任何方式复制或抄袭本书之部分或全部内容。

版权所有，侵权必究。

图书在版编目（CIP）数据

三维设计与 3D 打印技术 / 王延军，于雪芹主编. —北京：电子工业出版社，2021.12

ISBN 978-7-121-41986-7

Ⅰ．①三… Ⅱ．①王… ②于… Ⅲ．①立体印刷－印刷术 Ⅳ．①TS853

中国版本图书馆 CIP 数据核字（2021）第 183910 号

责任编辑：朱怀永　　　　　特约编辑：田学清
印　　刷：中煤（北京）印务有限公司
装　　订：中煤（北京）印务有限公司
出版发行：电子工业出版社
　　　　　北京市海淀区万寿路 173 信箱　　　　邮编：100036
开　　本：787×1 092　　1/16　　印张：12.75　　字数：286.8 千字
版　　次：2021 年 12 月第 1 版
印　　次：2021 年 12 月第 1 次印刷
定　　价：40.80 元

凡所购买电子工业出版社图书有缺损问题，请向购买书店调换。若书店售缺，请与本社发行部联系，联系及邮购电话：（010）88254888，88258888。

质量投诉请发邮件至 zlts@phei.com.cn，盗版侵权举报请发邮件至 dbqq@phei.com.cn。

本书咨询联系方式：（010）88254608，zhy@phei.com.cn。

前言

3D 打印又称增材制造，是 20 世纪 80 年代中期发展起来的快速成型（Rapid Prototyping，RP）技术。也就是说，它是在计算机的控制下，由零件的 CAD 模型直接驱动，采用分层材料堆积的方式快速制造复杂三维实体的技术。由于 3D 打印技术采用增材制造的方式，彻底改变了制造业的生产方式，因此成为先进制造技术的重要组成部分，其最大的特点在于设计制造的一体化，即无须任何专用的模具、夹具，就可由零件的 CAD 模型直接驱动设备，完成零件或零件原型的成型制造。由于 3D 打印技术采用全新的制造方式，所以利用它可以完成传统制造方式难以完成的零件制造，如复杂内腔结构、多孔结构等。3D 打印技术的应用几乎涵盖了制造领域的各个行业，同时在医疗、人体工程、文物保护等行业也获得了广泛的应用。

FDM（Fused Deposition Manufacturing，熔融沉积成型）是 3D 打印技术的一种实现工艺，又称 FFF（Fused Filament Fabrication，熔丝制造），它采用丝状高分子原材料，经热熔喷头融化后，由喷嘴挤出并逐层堆积到工作台上形成三维实体。采用这种工艺的 3D 打印机的结构简单、操作方便、应用广泛，特别适用于产品的创新设计和原型件的制作。

3D 建模和 3D 打印设备是实现创新设计的途径与基础，也是职业院校培养人才的重要方向，这方面的人才需求有很大的缺口。目前，3D 打印技术方面的教材多以介绍不同的 3D 打印技术原理为主，这对读者拓宽知识面、全面了解 3D 打印技术的概况有很大的促进作用。但对于职业院校学生而言，其内容略显抽象，不利于激发学生的学习兴趣。

本书从身边的需求出发，精选 3D 打印的实例，内容涵盖需求分析、三维建模、3D 打印和后处理的全过程。书中设计了若干 3D 打印任务，并根据任务的难易程度和用到的建模技术将任务归类为五个项目，项目由易到难、循序渐进，同时，各项目相对完整，可以单独选用。

本书由齐河县职业中等专业学校（齐河县技工学校）王延军老师担任第一主编，负责项目二、项目五的编写，并完成本书的统稿和修改工作；于雪芹老师担任第二主编，负责项目三的编写；陈莉老师担任第一副主编，负责项目四的编写；李连超老师担任第二副主编，负责项目一的编写。参加编写的还有李建老师、傅翠老师。天津职业技术师范大学机械工程学院的张妮、张宝钰、刘智威同学参与了书中的实例验证和材料整理工作，在此表示深深的感谢。本书部分图片素材来自互联网，未能一一列举出参考文献，在此一并表示感谢。

本书在编写过程中，得到了天津博盛睿创科技有限公司的大力支持，提供了 3D 打印设备和部分应用案例，书中实例均经过天津博盛睿创科技有限公司 3D 打印设备的打印验证；全书由天津职业技术师范大学的刘玉山副教授主审并提出了宝贵意见，在此一并表示感谢。

由于时间仓促，加之编者水平有限，书中难免有疏漏之处，敬请广大读者批评指正。

编　者

目录

项目一

认识 3D 打印机

任务一　认识 3D 打印

学习目标

1. 掌握 3D 打印的概念、工艺分类。

2. 掌握 3D 打印的原理。

3. 掌握 FDM 3D 打印机的结构与组成。

一、3D 打印的概念

通常，普通的打印机可以把计算机中的平面图形、图像打印出来，这种打印方式叫作 2D 打印。而 3D 打印是把计算机中的 3D 模型，通过分层打印的方式把数字模型直接制作成实体的技术。3D 打印又称增材制造，最早诞生于美国（20 世纪 80 年代），经过 30 多年的发展，已经出现了各种各样的 3D 打印技术，其设备已涵盖从价值千元的桌面机到价值千万元的工业机。3D 打印可以打印的产品有塑料的、尼龙的、陶瓷的、石膏的、金属的等，如图 1-1 所示。

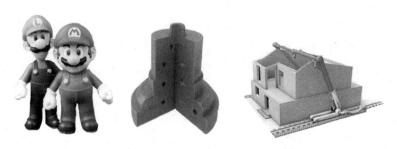

图 1-1　3D 打印可以打印的产品

与传统的制造方式相比，3D打印技术采用材料分层堆叠的方式成型，可以加工传统制造方式不能加工的零件，如多孔结构的零件。同时，3D打印采用一体化成型，其设备操作简单。目前，3D打印技术已广泛应用于建筑、汽车、模具、医疗、教育等领域。

将3D打印技术与三维设计软件相结合，能够为创新设计提供完美的平台。利用3D打印技术，可以把三维设计软件设计的模型在短时间内变成实实在在的物体。

总的来说，3D打印技术是由CAD模型直接驱动的并利用分层制造原理快速制造任意复杂形状的三维实体的技术总称。

目前，3D打印的实现方式有很多，不同的实现方式（工艺）采用的打印材料、使用的打印设备各不相同。为便于读者更好地学习3D打印技术，根据使用材料性状的不同，将3D打印工艺分为四大类，即基于丝状材料的3D打印工艺、基于液态光敏树脂的3D打印工艺、基于粉末材料的3D打印工艺和基于片状材料的3D打印工艺，如表1-1所示。本书介绍的3D打印工艺指的是基于丝状材料的3D打印工艺，简称FDM工艺，是目前应用较广泛的一种3D打印工艺。

表1-1　3D打印工艺的分类

种　　类	成 型 技 术	打 印 材 料	代 表 厂 商
基于丝状材料的3D打印工艺	熔融沉积成型（FDM）	热塑性塑料、共融金属、可用石材、建筑材料	StrataSys（美）
基于液态光敏树脂的3D打印工艺	光固化成型（SLA）	光敏树脂	3D System（美）
	数字光处理（DLP）	光敏树脂	EnvisionTec（德）
	聚合体喷射（PI）	光敏树脂	StrataSys（美）
基于粉末材料的3D打印工艺	直接金属激光烧结（SLM）	金属粉末	EOS（德）
	电子束烧结（EBM）	金属粉末	Arcam（瑞典）
	选择性激光烧结（SLS）	热塑性粉末、金属粉末、陶瓷粉末、覆膜砂等	3D System（美）
	选择性黏结（3DP）	石膏、砂子	3D System（美）
基于片状材料的3D打印工艺	分层实体制造（LOM）	纸、塑料薄膜、金属箔	Composite Automation（美）

二、3D打印的原理

1. 原理

在基于丝状材料的3D打印工艺中，典型的为FDM工艺，其成型原理如图1-2所示，成型头在计算机的控制下，根据截面轮廓信息做X-Y平面运动和高度Z方向的运动；原料丝（如ABS、PLA、尼龙丝等）由供丝机构送至喷头，并在喷头中将其加热至熔融态，然后被选择性地涂覆在工作台上，快速冷却后形成截面轮廓；一层成型完成后，喷头上升一截面层的高度，再进行下一层的涂覆，如此循环，最终形成三维产品。

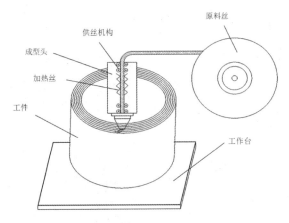

图 1-2 FDM 工艺的成型原理

FDM 工艺的成型厚度一般为 0.15～0.5mm，由于它不使用激光器，所以设备成本较低、材料利用率高。

2．3D 打印的过程

3D 打印的过程通常包括 CAD 建模、数据处理、3D 打印和后处理四个环节，如图 1-3 所示。

1）CAD 建模

利用三维 CAD 设计软件（如 CATIA、UG、Pro/ENGINEER、犀牛、3DMax 等）设计三维 CAD 模型，并将模型保存为 STL 格式的文件。

2）数据处理

利用 3D 打印的数据处理软件读入 STL 文件，通过编辑操作确定零件成型方向、排布零件、添加支撑结构，然后切片分层，生成 3D 打印机能够识别的加工程序（NC 代码）。

3）3D 打印

将数据处理软件中得到的加工程序（NC 代码）传送到 3D 打印机上，3D 打印机根据数控程序逐层打印零件，完成零件的制作。

4）后处理

将打印完成的零件由打印机上取出，利用后处理工具（偏口钳、铲子、砂纸等）去除支撑结构，清理零件表面，获得满足要求的零件。

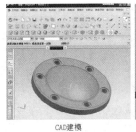
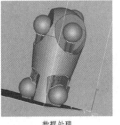

CAD建模　　　　数据处理　　　　3D打印　　　　后处理

图 1-3 3D 打印的过程

三、3D 打印机的结构

FDM 3D 打印机的结构形式有很多种，如 XYZ 结构 3D 打印机、并联臂（Delta）结构 3D 打印机、悬臂式 3D 打印机、CoreXY 结构 3D 打印机等。其中，并联臂结构 3D 打印机具有打印部件质量轻、速度快、打印质量好等优点，因此获得了广泛的应用。并联臂 3D 打印机的结构如图 1-4 所示。

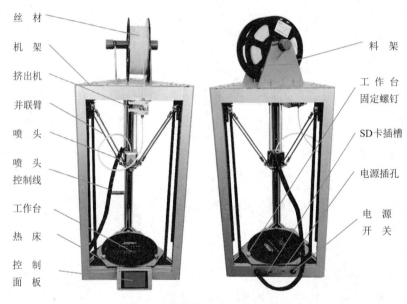

图 1-4 并联臂 3D 打印机的结构

并联臂结构 3D 打印机各部件的功能如下。

丝材：3D 打印材料，常用的有 PLA、ABS、PP、PETG、TPU 等。

机架：用于安装、固定打印机的各部件。

挤出机：用于在打印时挤出丝材。

并联臂：产生 XYZ 方向的运动。

喷头：丝材融化和挤出的通道。

喷头控制线：包括加热棒电源线和温度传感器数据线。

工作台：零件成型平台。

热床：用于加热工作台，减少零件成型时的翘曲。

控制面板：打印及操作面板。

料架：用于支撑盘状料盘。

工作台固定螺钉：用于固定工作台，拧下螺钉可以拆下工作台。

SD 卡插槽：可插入 SD 卡并读取卡中的文件。

电源插孔：用于插入电源线。

电源开关：打开或关闭打印机电源。

任务二　3D 打印准备及常用工具

学习目标

1. 熟练掌握 3D 打印机打印前的准备操作。

2. 掌握 3D 打印机的调平原理及方法。

3. 掌握 3D 打印机零点设置的方法。

一、打印机准备

1. 清理工作台

打印前要确保工作台清洁，使用前可用铲子轻铲工作台表面，确保工作台表面无异物。必要时可拧下工作台上的三个固定螺钉，拆下工作台进行清理，清理完成后将工作台装回原位，并拧紧固定螺钉。工作台的拆卸如图 1-5 所示。

图 1-5　工作台的拆卸

2. 开机

（1）连接电源线。将电源线圆孔插入打印机的电源插孔中，并将电源线插头插入 220V 的三孔插座中。

（2）打开打印机侧面的红色电源开关，此时控制面板点亮，启动打印机控制系统，如图 1-6 所示。

图 1-6　开机

（3）触击控制面板上的【工具】/【手动】按键，在打开的界面中触击【回零】按键⌂，使各运动轴归零，如图1-7所示。

图1-7　回零操作

3. 安装打印材料

（1）触击控制面板上的【工具】/【装卸耗材】按键，在打开的界面中触击【E1】对应的温度值，此时温度值会变为红色，开始预热材料。

（2）待喷头达到预热值，将打印丝材放置在料架上，拽出一段丝材，用偏口钳剪掉扭曲的打印丝材，左手按压挤出机手柄，使送丝搓轮松开，右手将打印丝材插入送丝管中，触击【进丝】图标，直至熔融丝材从喷嘴中被光滑地挤出，此时触击【停止】◎图标，如图1-8所示。

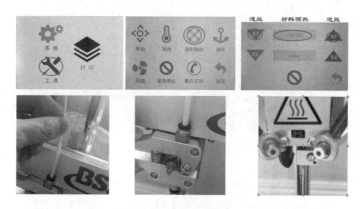

图1-8　安装打印材料

4. 准备打印

（1）将SD卡插入读卡器中，将待打印模型的gcode文件复制到SD卡中，然后将其插入SD卡插槽中，如图1-9所示。

图1-9　准备打印文件

（2）触击控制面板上的【打印】图标，在打开的界面中选择要打印的 gcode 文件，若当前页面没有，则可通过上下箭头键翻页查找；找到待打印文件后，触击【开始打印】按键，打印机喷头会移动至打印准备位置，待热床和喷头温度达到设定值之后，打印机开始工作，如图 1-10 所示。

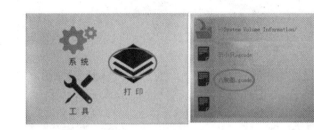

图 1-10　打印文件

二、自动调平

对于 FDM 机型来说，第一层能否均匀稳固地附着于工作台上决定了打印的成功与否，喷头过低会导致挤出困难、第一层凹凸不平甚至剐蹭工作台；过高会导致黏接不牢甚至凌空吐丝。一般打印第一层的层厚在 0.35mm 左右，但若工作台不平，则很难保证第一层的厚度。因此，要解决此问题，机器的调平就显得尤为重要。

简单地说，自动调平就是通过调平传感器（开关）获取喷头与工作台之间的距离，以及工作台的平整度信息。然后在打印时将各个位置的 Z 向偏移值补偿进去，实现在略有不平的工作台上进行打印。

调平工作并非每次打印都需要执行，仅当首次使用机器或机器使用一段时间后，在进行首层打印时，发现不同位置丝材与工作台的黏接程度存在明显差异，才需要执行。

自动调平的步骤如下。

（1）调平准备。调平前要确认以下几点：①工作台清理干净，不能留有打印的残留物；②确保打印喷头已冷却至室温；③准备好随机附件——调平传感器，如图 1-11 所示。

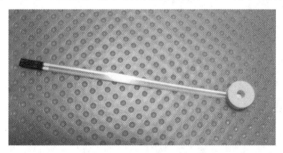

图 1-11　调平传感器

（2）取下打印喷头上的调平跳线帽，将调平传感器接线端插入喷头的调平传感器跳线端，然后将调平传感器扣在喷嘴上，如图 1-12 所示。

图 1-12　安装调平传感器

（3）触击【工具】/【调平】图标，打印机喷头开始移动，通过多次轻触工作台，完成传感器调平，如图 1-13 所示。

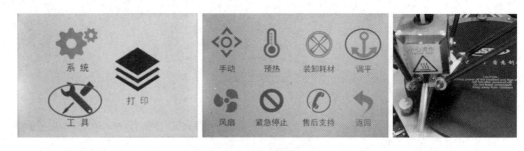

图 1-13　调平操作

三、零点设置

零点指的是 Z 方向上的零点，是打印起始的平面，其正确性直接影响首层的打印质量，一般在首层打印出现出丝不畅、黏接不牢的现象或调平完成时，需要进行零点设置操作。

零点设置的步骤如下。

（1）零点设置准备。零点设置前要确保喷嘴和工作台清洁，不能留有残留物。

（2）触击控制面板上的【工具】/【手动】按键，在打开的界面中确认每次触击移动的距离为 1mm；轻触 Z 向下移的图标，每触击一次，光标下移 10mm，当喷嘴接近工作台时，为了防止喷嘴撞击工作台，应使用小的移动距离，最后选用 0.1mm/次的移动量，同时在喷嘴和工作台之间放一张打印纸，边移动喷嘴边抽拉打印纸，感觉纸能够被拉动，同时受到喷嘴与工作台的阻力为最佳位置。

（3）不要移动 Z 轴，触击【返回】图标。然后触击【系统】/【Delta】/【设 Z 为零】图标，同时确认勾选【调平补偿】功能。

至此，完成了打印机的零点设置。

提示：自动调平和零点设置两项工作一般在打印出现问题时才进行，如果厂家或设备管理人员已经调试好机器，则可略过此两步。

四、打印工具

3D 打印常用的工具包括偏口钳、内六角扳手、铲子、针灸针、锉刀等，各工具及功能如表 1-2 所示。

表 1-2　3D 打印常用工具及其功能

序　号	名　称	图　片	功　能
1	偏口钳		剪断丝材，去除支撑等
2	内六角扳手		在进行喷嘴、温度传感器、加热棒的更换和料架的安装时，用于内六角螺钉的拆装
3	铲子		剥离工作台上的制件、清理工作台
4	针灸针		喷嘴阻塞时疏通喷嘴
5	锉刀		清除打印件上的锐边、毛刺，打磨取出支撑后的制件表面等
6	镊子		在进行设备维护、维修时，用于细小物件的夹取
7	刻刀		制件支撑的去除，表面处理

以上是打印后处理的基本工具，若对制件有较高的后处理要求，则可以选用专业后处理工具箱，工具箱中除有上述工具外，还有专门的打磨工具（具有多种磨头）、喷漆工具、上色工具等，如图 1-14 所示。

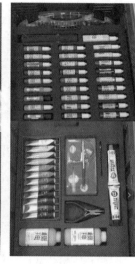

图 1-14　专业后处理工具箱

任务三　3D 打印实例

学习目标

1. 掌握数据处理的流程。

2. 掌握 3D 打印的一般流程。

3. 掌握后处理的基本操作。

一、任务要求

已知小老鼠的 STL 文件，完成 STL 文件的导入、切片分层、导出 gcode 文件、打印后处理等操作。

二、小老鼠打印

1. 数据处理

（1）运行 3D 打印数据处理软件 Repetier-Host，启动后的软件界面如图 1-15 所示。

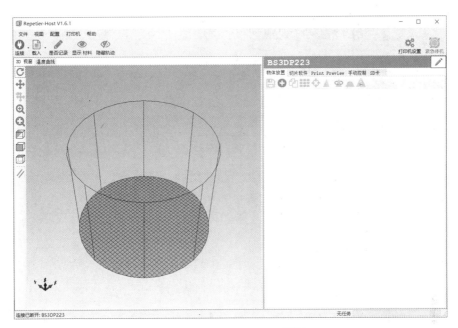

图 1-15 Repetier-Host 界面

（2）选择【文件】/【载入】选项或在工具栏中单击【载入】按钮，在弹出的对话框中选择"Mouse.stl"文件，然后单击【打开】按钮，小老鼠模型就会显示在软件中，如图 1-16 所示。

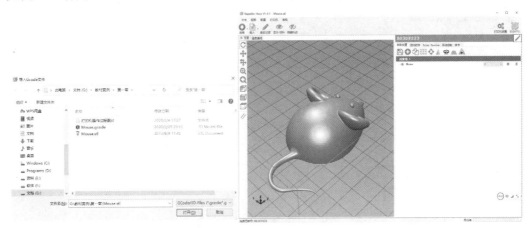

图 1-16 打开 STL 文件

（3）单击右侧标签页中的【物体对中】按钮，使小老鼠模型自动放置在工作台中心。

（4）执行右侧标签页中的【切片软件】命令，其他参数保持默认值，单击【开始切片 CuraEngine】按钮，切片后的打印轨迹预览如图 1-17 所示。

图 1-17　切片后的打印轨迹预览

（5）在【Print Preview】选项卡中，单击【Save to File】按钮，在弹出的对话框中选择存储路径，设定文件名为"Mouse.gcode"，然后单击【保存】按钮退出，如图 1-18 所示。

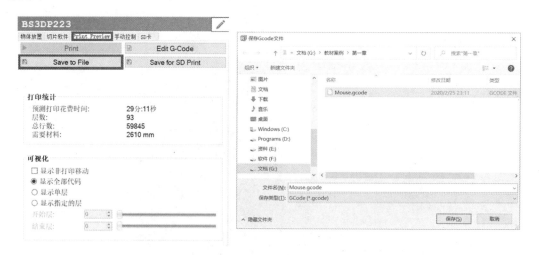

图 1-18　保存 gcode 文件

（6）将打印机中的 SD 卡取出，插入读卡器中，并将读卡器插入计算机的 USB 口中，复制文件"Mouse.gcode"到 SD 卡中。

2．模型打印

（1）打印准备。

在打印模型之前，要确保完成以下准备工作。

①材料已经安装好。

②喷头能够顺利出丝。

③喷头零点正确。

④工作台清理干净且已经调平。

（2）将存储有"Mouse.gcode"文件的 SD 卡插入打印机的 SD 卡插槽中，打开打印机底部侧面的红色电源开关，启动 3D 打印机。

（3）触击控制面板上的【工具】/【手动】按键，在打开的界面中触击【回零】按键 🏠，使各运动轴归零。

（4）触击控制面板上的【打印】图标，在打开的界面中选择要打印的"Mouse.gcode"文件，然后触击【开始打印】按键，打印机喷头移动至打印准备位置，待热床和喷头温度达到设定值之后，打印机开始工作，如图 1-19 所示。

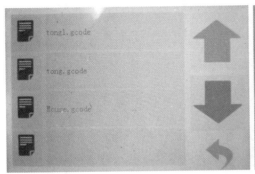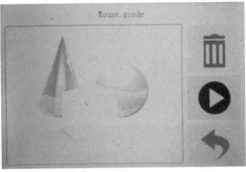

图 1-19 开始打印

（5）在打印过程中，可随时观察打印过程，若出现打印异常情况，则可根据实际情况处理，紧急情况可关闭电源开关，停止打印。一般情况下，打印过程无须人工干预，如图 1-20 所示。

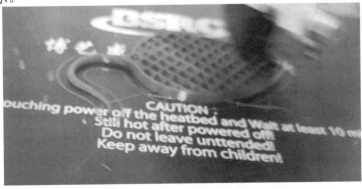

图 1-20 正常打印过程

（6）打印完成后，操作面板上会出现提示打印完成的对话框，触击【是】按键，如图 1-21 所示。触击控制面板上的【工具】/【手动】按键，在打开的界面中触击【回零】按键 🏠，使各运动轴归零。

图 1-21 打印完成

3. 模型的拆卸及后处理

模型打印完成后，机器停止运行，此时需要把模型从打印机上拆卸下来，通常可用铲子慢慢撬下模型，若模型与工作台黏接很牢固，则可将工作台从打印机上取下，然后慢慢地用力将模型铲下，如图 1-22 所示。

注意：在铲除模型时，一定要戴好劳保手套，防止将手铲伤。

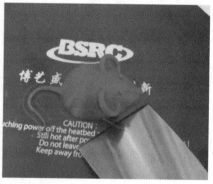

图 1-22 取下模型

铲除模型后，应将工作台安装回原位。打印完成的小老鼠模型如图 1-23 所示。

图 1-23 打印完成的小老鼠模型

项目二
简单零件的设计与打印

任务一　七巧板的建模与打印

学习目标

1. 熟悉建模软件 UG NX 的基本操作。

2. 掌握拉伸命令的使用方法。

3. 熟悉简单零件的打印及更换材料的操作流程。

一、任务要求

七巧板是一种传统智力玩具，顾名思义，它是由七块板组成的。这七块板可拼成许多图形，如三角形、平行四边形、不规则多边形，玩家也可以把它拼成各种人物、动物、桥、房、塔等。本次任务要求利用 UG NX 10.0 软件，通过基本的拉伸命令完成七巧板的三维建模。七巧板的七块板分别为大三角形两块、中三角形一块、小三角形两块、平行四边形一块、正方形一块，如图 2-1 所示。

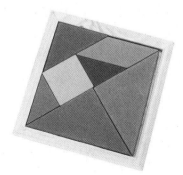
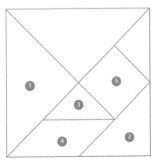

图 2-1　七巧板

二、七巧板的建模

1. 新建模型文件

打开 UG NX 10.0 软件，选择【菜单】/【文件】/【新建】选项或单击□按钮，弹出【新建】对话框，在此指定文件的名称和保存路径，如图 2-2 所示，然后单击【确定】按钮进入 UG 建模模块。

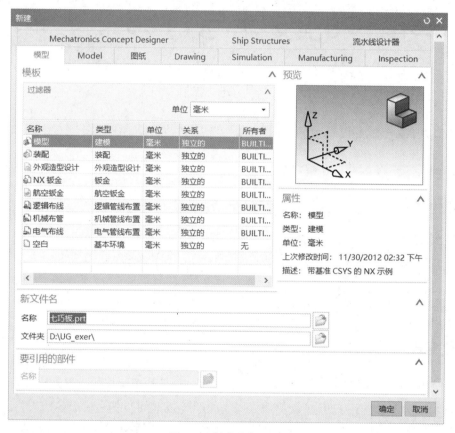

图 2-2　新建模型文件

2. 创建草图

（1）选择【菜单】/【插入】/【草图】选项或单击██按钮，弹出【创建草图】对话框，在【平面方法】下拉列表中选择相关选项，确定以 XY 平面作为草绘平面，如图 2-3 所示。然后单击【确定】按钮，退出【创建草图】对话框，进入草绘模块。

（2）单击矩形草绘工具□，在草绘平面上选择坐标原点并单击，然后在第一象限再次单击，绘制出一个矩形。此时系统会在矩形上自动标注出边长尺寸，单击鼠标中键，退出矩形草绘工具模式。双击矩形草图上的边长尺寸，将其值改为 80mm，修改后的尺寸如图 2-4 所示，所有尺寸修改完成后，单击【关闭】按钮，退出对话框。

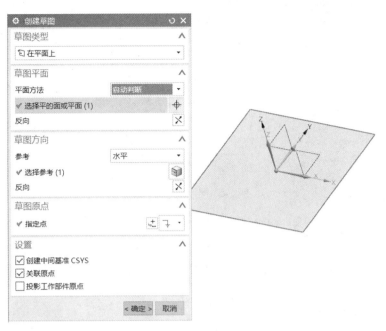

图 2-3 选择草绘平面

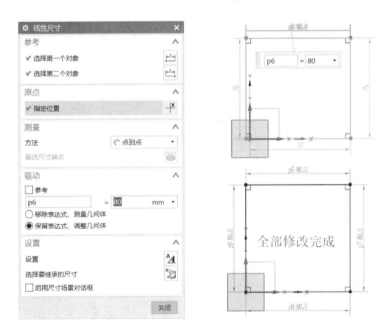

图 2-4 修改草图尺寸

（3）选择直线工具 ✎，连接矩形对角线，若在绘制第二条对角线时，由于自动添加的约束造成过约束（尺寸或约束符号变成红色），则删除两条对角线的垂直约束即可，如图 2-5 所示。

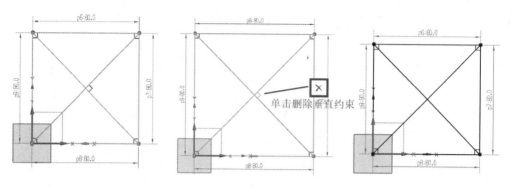

图 2-5　删除垂直约束

（4）继续使用直线工具✏绘制其他直线。绘制完成的七巧板草图如图 2-6 所示。单击 🎆完成草图图标，完成草图的绘制，返回建模界面。

提示：在绘制七巧板草图时，为保证绘图的准确性，要灵活运用草绘时的自动捕捉功能和自动约束功能。

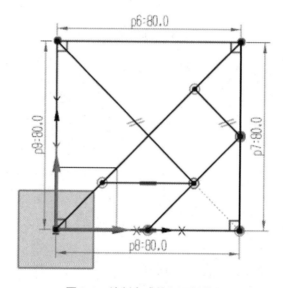

图 2-6　绘制完成的七巧板草图

3．大三角形的创建

选择【菜单】/【插入】/【设计特征】/【拉伸】选项或单击拉伸按钮🔲，弹出【拉伸】对话框，确认选择过滤器为【区域边界曲线】；在【截面】选区中选择刚刚创建的草图中的一个大三角形；在【距离】数值框中输入 3，然后单击【确定】按钮，如图 2-7 所示。

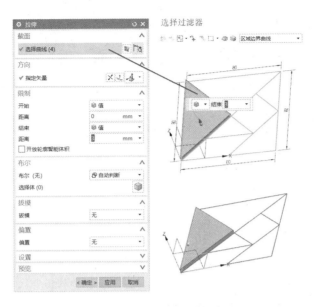

图 2-7　大三角形的创建

4．导出大三角形

选择【文件】/【导出】/【STL】选项，在弹出的【快速成型】对话框中，将三角公差设置为 0.0200，单击【确定】按钮；在弹出的【导出快速成形文件】对话框中指定要导出的 STL 文件的名称和保存路径；接着在弹出的对话框中直接单击【确定】按钮；在【类选择】对话框中选择要导出的实体，本实例选择大三角形；在随后的两个对话框中均直接单击【确定】按钮，完成 STL 文件的导出工作，如图 2-8 所示。

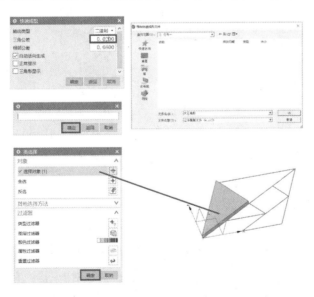

图 2-8　将大三角形导出为 STL 文件[①]

---

① 注：软件图中的"导出快速成形文件"的正确写法为"导出快速成型文件"。

5．其他形状的创建与导出

按照步骤 3 的操作创建中三角形，然后按照步骤 4 的操作导出中三角形的 STL 文件。采用同样的方式创建并导出小三角形、平行四边形和正方形，结果如图 2-9 所示。

- 大三角形.stl
- 平行四边形.stl
- 小三角形.stl
- 正方形.stl
- 中三角形.stl

图 2-9 七巧板及其 STL 文件

6．底座的创建

（1）选择【菜单】/【插入】/【草图】选项或单击 按钮，进入【重新附着草图】对话框，在【平面方法】下拉列表中选择相应选项，确定以 XY 平面作为草绘平面，如图 2-10 所示。然后单击【确定】按钮，退出【重新附着草图】对话框，进入草绘模块。

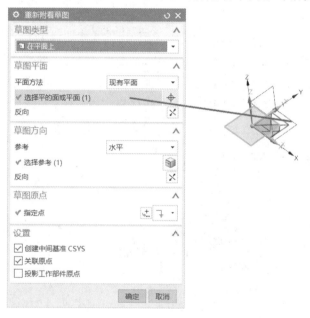

图 2-10 草绘平面

（2）单击偏置曲线工具 偏置曲线，确认选择过滤器为【单条曲线】，按住鼠标中键（滚轮），旋转草图至合适角度，分别选择七巧板草图的四条边，在【偏置曲线】对话框中，设置偏置距离为 0.5mm，如图 2-11 所示，单击【确定】按钮。再次单击 偏置曲线 按钮，选择刚刚偏置的草图的四条边，将偏置距离设置为 2mm，单击【确定】按钮，最后得到的底座草图如图 2-12 所示。

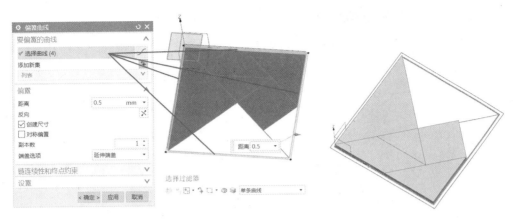

图 2-11　偏置曲线　　　　　　　　　　图 2-12　底座草图

（3）选择【菜单】/【插入】/【设计特征】/【拉伸】选项或单击【拉伸】按钮，弹出
【拉伸】对话框，确认选择过滤器为【相连曲线】和【相切曲线】中的一项；在【截面】选
区中选择刚刚创建的草图中的大矩形；在【距离】数值框中输入 2；拉伸方向应与七巧板
方向相反，若方向不正确，则可单击【方向】选区中的×按钮改变方向，如图 2-13 所示。
最后单击【确定】按钮，退出【拉伸】对话框。

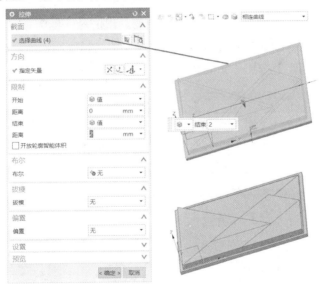

图 2-13　拉伸底座

（4）选择【菜单】/【插入】/【设计特征】/【拉伸】选项或单击【拉伸】按钮，
弹出【拉伸】对话框，确认选择过滤器为【区域边界曲线】；在【截面】选区中选择刚
刚创建的草图中的大矩形与小矩形的中间区域；在【距离】数值框中输入 3；拉伸方向
应与七巧板方向一致，若方向不正确，则可单击【方向】选区中的×按钮改变方向；在
【布尔】下拉列表中选择【求和】选项；在【选择体】处，选择上一步创建的底座实体，
如图 2-14 所示。最后单击【确定】按钮，退出【拉伸】对话框。

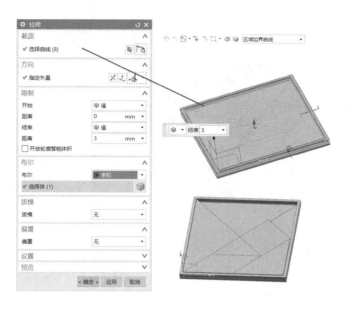

图 2-14　底座建模

（5）选择【文件】/【导出】/【STL】选项，在弹出的【快速成型】对话框中将三角公差设置为 0.0200，单击【确定】按钮；在弹出的【导出快速成形文件】对话框中指定要导出的 STL 文件的名称和保存路径；接着在弹出的对话框中直接单击【确定】按钮；在【类选择】对话框中选择要导出的实体，本实例选择底座模型；在随后的两个对话框中均直接单击【确定】按钮，完成 STL 文件的导出工作，如图 2-15 所示。

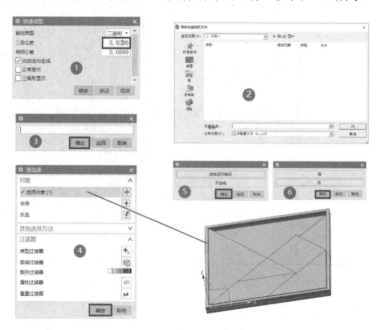

图 2-15　将底座导出为 STL 文件

7. 更改模型显示

（1）选择【菜单】/【插入】/【设计特征】/【拉伸】选项或单击【拉伸】按钮，对七巧板草图中重复的大三角形和小三角形进行拉伸，结果如图 2-16 所示。

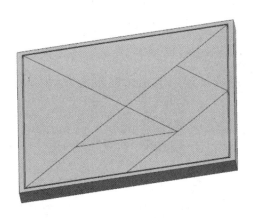

图 2-16　完整的七巧板模型

（2）在【视图】标签页中单击【显示/隐藏工具】按钮，在【显示和隐藏】对话框中，单击【全部】栏的"−"，单击【实体】栏的"＋"，此时视图中仅显示建模后的实体，如图 2-17 所示。

（3）在【视图】标签页中单击【编辑对象显示】按钮，在弹出的【类选择】对话框中选择一块七巧板，然后单击【确定】按钮；在弹出的【编辑对象显示】对话框中单击【颜色】按钮，然后在【颜色】对话框中选择欲设定的颜色，单击【确定】按钮，退出【颜色】对话框；接着单击【确定】按钮，退出【编辑对象显示】对话框，如图 2-18 所示。

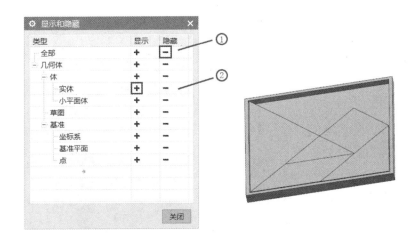

图 2-17　隐藏草图

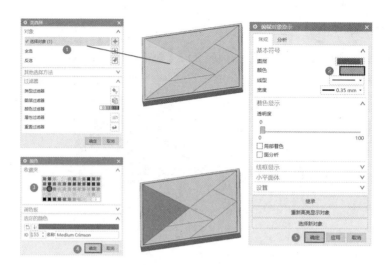

图 2-18　改变七巧板的颜色

（4）重复步骤（3）的操作，指定不同形状为不同的颜色结果，如图 2-19 所示。

图 2-19　指定颜色后的七巧板

三、七巧板的打印

1.　数据处理

（1）运行 Repetier-Host 3D 打印数据处理软件，如图 2-20 所示。

（2）单击 图标，在弹出的【导入 Gcode 文件】对话框中找到"大三角形.stl"文件，单击【打开】按钮，大三角形的 STL 模型会被导入成型空间，如图 2-21 所示。

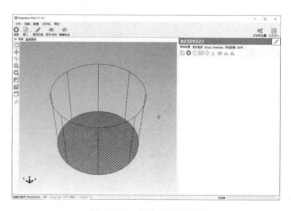

图 2-20　软件运行界面

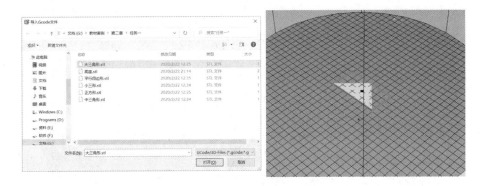

图 2-21 导入大三角形的 STL 模型

（3）其余选项保持默认设置，单击右侧【切片软件】选项卡下的【开始切片 CuraEngine】按钮，开始切片分层。切片分层后的模型如图 2-22 所示。

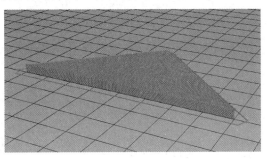

图 2-22　切片分层后的模型

（4）将 SD 卡插入计算机中，或者将 SD 卡插入读卡器中，再将读卡器插入计算机的 USB 口中，单击【Print Preview】选项卡下的【Save to File】按钮，在弹出的对话框中选择保存路径为读卡器的根目录，文件名为"大三角形.gcode"，如图 2-23 所示。"大三角形.gcode"为分层后的 G 代码文件。

图 2-23　生成 G 代码文件

（5）重复步骤（1）～（4）的操作，可以生成每个七巧板零件的 gcode 文件，以供打印机使用。由于七巧板的零件尺寸较小，因此也可以多个零件一起打印。当多个零件一起打印时，可以多次执行步骤（2）的操作，以载入所有要打印的零件，如图 2-24 所示，然后执行步骤（3）和步骤（4）的操作，生成用于打印的 G 代码文件。

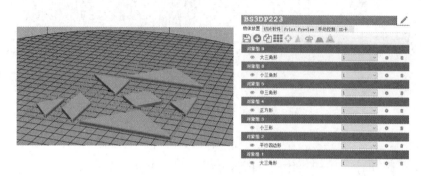

图 2-24　多个零件一起打印

说明：在本实例中，为了明显区分不同的七巧板形状，七块板用了三种颜色，分四组打印。

大三角形 1、中三角形和正方形一组，用白色打印，生成"七巧板 1.gcode"文件；
大三角形 2、小三角形 1 一组，用橙色打印，生成"七巧板 2.gcode"文件；
平行四边形和小三角形 2 一组，用蓝色打印，生成"七巧板 3.gcode"文件；
底座用蓝色打印，生成"底座.gcode"文件。

2．模型打印

（1）打印准备。

在打印模型之前，要确保完成以下准备工作。

①材料已经安装好。

②喷头能够顺利出丝。

③喷头零点正确。

④工作台清理干净且已经调平。

（2）将存储七巧板切片分层的 gcode 文件"七巧板 1.gcode""七巧板 2.gcode""七巧板 3.gcode""底座.gcode"的 SD 卡插入打印机的 SD 卡插槽中，打开打印机底部侧面的红色电源开关，启动 3D 打印机。

（3）触击控制面板上的【工具】/【手动】按键，在打开的界面中触击【回零】按键🏠，使各运动轴归零。

（4）更换打印材料。触击控制面板上的【工具】/【装卸耗材】按键，在打开的界面中触击【E1】对应的温度值，此时温度值变为红色，开始预热材料。待喷头达到预热值后，触击界面右侧的【退丝】按键，如图 2-25 所示，退出打印机上原有的丝材。将白色丝材安装到打印机料架上，按照项目一中安装打印材料的方法将白色丝材安装到打印机上。

图 2-25　更换材料

（5）触击控制面板上的【打印】按键，选择"七巧板 1.gcode"文件，然后触击【打印开始】按键，打印机开始对热床和打印喷头加热，待加热到设定温度后，打印机开始打印。

3．模型拆卸及后处理

模型打印完成后，需要把模型从打印机上拆卸下来，通常可用铲子慢慢撬下模型。从工作台上取下的七巧板模型如图 2-26 所示。若模型与工作台黏接很牢固，则可将工作台从打印机上取下，然后慢慢地用力将模型铲下。

注意：在铲除模型时，一定要戴好劳保手套，防止将手铲伤。

图 2-26　从工作台上取下的七巧板模型

重复步骤 2 和步骤 3 的操作，完成"七巧板 2.gcode"（见图 2-27）、"七巧板 3.gcode"（见图 2-28）和"底座.gcode"（见图 2-29）的打印，完整的七巧板如图 2-30 所示。

图 2-27　橙色七巧板

图 2-28　蓝色七巧板

图 2-29 底座

图 2-30 完整的七巧板

任务二 鲁班锁的设计与打印

学习目标

1. 熟悉建模软件 UG NX 的基本操作。

2. 掌握拉伸命令和布尔运算的使用方法。

3. 掌握成型方向在零件的打印过程中的作用。

一、任务要求

鲁班锁是我国传统的土木建筑固定结合器，它是一种不用钉子和绳子固定，完全靠自身结构的连接支撑。就像一张纸对折一下就能够立起来一样，鲁班锁是一种看似简单，却凝结着不平凡智慧的玩具。本次任务要求利用 UG NX 10.0 软件，通过基本的拉伸命令完成鲁班锁的三维建模。鲁班锁由六块实体组成，如图 2-31 所示。

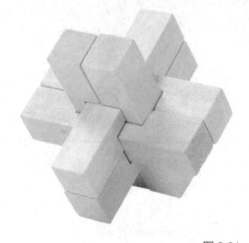
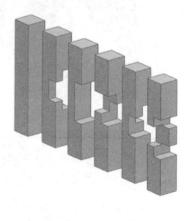

图 2-31 鲁班锁

二、建模过程

1. 新建模型文件

打开 UG NX 10.0 软件，选择【菜单】/【文件】/【新建】选项或单击 按钮，弹出【新建】对话框，在此指定文件的名称和保存路径，如图 2-32 所示，然后单击【确定】按钮进入 UG 建模模块。

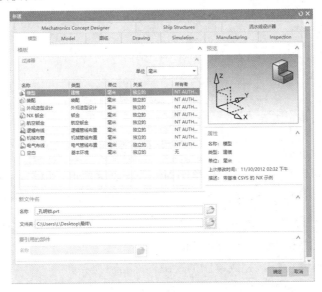

图 2-32   新建模型文件

2. 实体一（见图 2-33）的创建

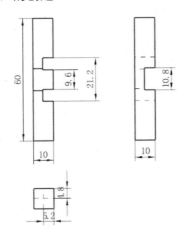

图 2-33   实体一尺寸图

1）创建草图

（1）选择【菜单】/【插入】/【草图】选项或单击 按钮，弹出【创建草图】对话框，选择 XY 平面作为草绘平面，如图 2-34 所示。然后单击【确定】按钮，退出【创建草图】对话框，进入草绘模块。

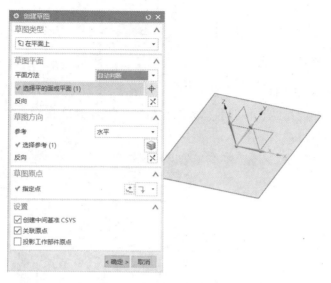

图 2-34　选择草绘平面 1

（2）单击矩形草绘工具 ▯，在草绘平面上选择坐标原点并单击，然后在第一象限再次单击，绘制出一个矩形。单击轮廓草绘工具 ↳，画出如图 2-35 所示的草图。双击矩形草图上的边长尺寸，将其值改为 60mm，修改后的尺寸如图 2-35 所示。所有尺寸修改完成后，单击【关闭】按钮，退出对话框。

（3）单击 ﷽ 完成草图图标，完成草图的绘制，返回建模界面。

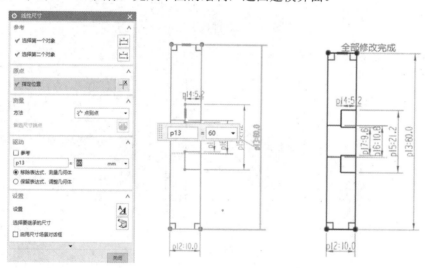

图 2-35　标注草图尺寸 1

2）第一块实体的创建

（1）选择【菜单】/【插入】/【设计特征】/【拉伸】选项或单击【拉伸】按钮 ⬚，弹出【拉伸】对话框，确认选择过滤器为【区域边界曲线】；在【截面】选区中选择刚刚创建的草图中的两个不规则图形；在【距离】数值框中输入 10，然后单击【确定】按钮，如图 2-36 所示。

图 2-36 实体一两端的创建

（2）选择【菜单】/【插入】/【设计特征】/【拉伸】选项或单击【拉伸】按钮，弹出【拉伸】对话框，确认选择过滤器为【区域边界曲线】；在【截面】选区中选择刚刚创建的草图中间的"凸"字图形；在【距离】数值框中输入 4.8，然后单击【确定】按钮，如图 2-37 所示。

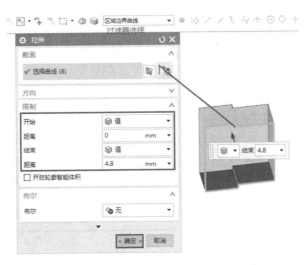

图 2-37 实体一"凸"字图形的创建

（3）选择【菜单】/【插入】/【组合】/【合并】选项或单击【合并】按钮，弹出【合并】对话框，在【目标】选区中，将选择体设置为中间的"凸"字图形；在【工具】选区中，将选择体设置为两个不规则图形，然后单击【确定】按钮，如图 2-38 所示。

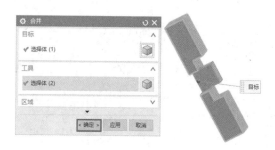

图 2-38　实体一的合并

3）导出实体一

选择【文件】/【导出】/【STL】选项，在弹出的【快速成型】对话框中将三角公差设置为 0.0200，单击【确定】按钮；在弹出的【导出快速成形文件】对话框中指定要导出的 STL 文件的名称和保存路径；接着在弹出的对话框中直接单击【确定】按钮；在【类选择】对话框中选择要导出的实体，本实例选择第一块实体；在随后的两个对话框中均直接单击【确定】按钮，完成 STL 文件的导出工作，如图 2-39 所示。

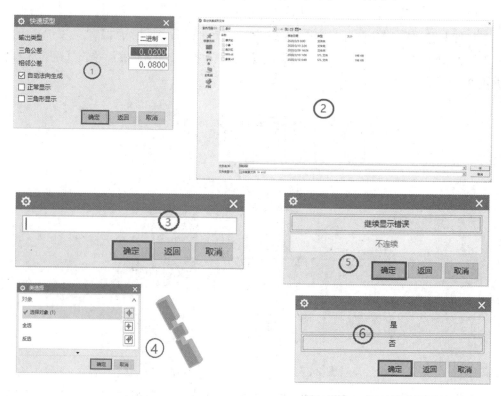

图 2-39　导出实体一

3. 实体二（见图2-40）的创建

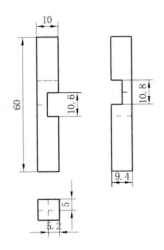

图2-40　实体二尺寸图

1）创建草图

（1）选择【菜单】/【插入】/【草图】选项或单击 按钮，弹出【创建草图】对话框，在【平面方法】下拉列表中选择相应的选项，确定以 XY 平面作为草绘平面，如图2-41所示，然后单击【确定】按钮退出【创建草图】对话框，进入草绘模块。

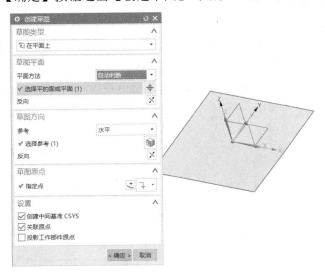

图2-41　选择草绘平面2

（2）单击矩形草绘工具 ，在草绘平面上选择坐标原点并单击，然后在第一象限再次单击，绘制出一个矩形。然后单击轮廓草绘工具 ，画出如图2-42所示草图，双击草图上的边长尺寸，将其值改为10mm，修改后的尺寸如图2-42所示。所有尺寸修改完成后，单击【关闭】按钮，退出对话框。

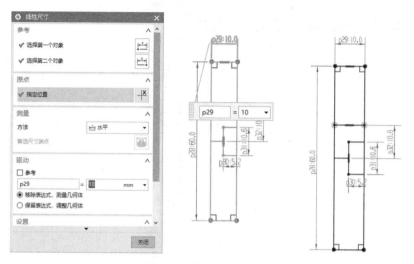

图 2-42　标注草图尺寸 2

（3）单击 ![完成草图] 图标，完成草图的绘制，返回建模界面。

2）实体的创建

（1）选择【菜单】/【插入】/【设计特征】/【拉伸】选项或单击【拉伸】按钮 ，弹出【拉伸】对话框，确认选择过滤器为【区域边界曲线】；在【截面】选区中选择刚刚创建的草图中的两个不规则图形；在【距离】数值框中输入 10，然后单击【确定】按钮，如图 2-43 所示。

（2）选择【菜单】/【插入】/【设计特征】/【拉伸】选项或单击【拉伸】按钮 ，弹出【拉伸】对话框，确认选择过滤器为【区域边界曲线】；在【截面】选区中，选择刚刚创建的草图中间的"L"图形；在【距离】数值框中输入 4.4，然后单击【确定】按钮，如图 2-44 所示。

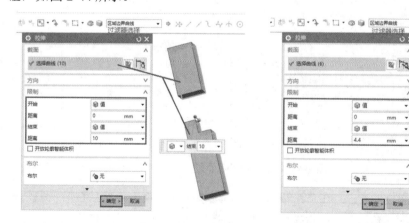

图 2-43　实体二的两个不规则图形的创建　　图 2-44　实体二的"L"图形的创建

（3）选择【菜单】/【插入】/【组合】/【合并】或单击【合并】按钮 ，弹出【合并】对话框，在【目标】选区中，将选择体设置为中间的"L"图形；在【工具】选区中，将选择体设置为两个不规则图形，然后单击【确定】按钮，如图 2-45 所示。

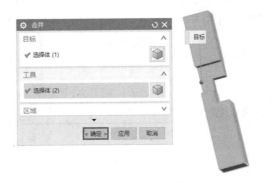

图 2-45　实体二的合并

3）导出实体二

实体二的导出过程与实体一的导出过程相同（过程略）。

4．实体三（见图 2-46）的创建

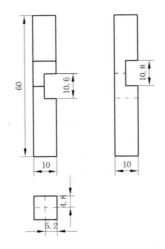

图 2-46　实体三尺寸图

1）创建草图

（1）选择【菜单】/【插入】/【草图】选项或单击 按钮，弹出【创建草图】对话框，在【平面方法】下拉列表中选择相应选项，确定以 XY 平面作为草绘平面，如图 2-47 所示。然后单击【确定】按钮，退出【创建草图】对话框，进入草绘模块。

（2）单击矩形草绘工具，在草绘平面上选择坐标原点并单击，然后在第一象限再次单击，绘制出一

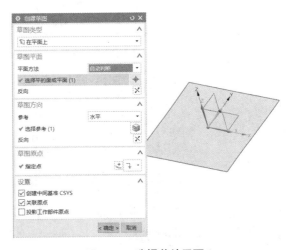

图 2-47　选择草绘平面 3

个矩形。然后单击轮廓草绘工具，画出如图 2-48 所示的草图。双击草图上的边长尺寸，将其值改为 5.2mm，修改后的尺寸如图 2-48 所示。所有尺寸修改完成后，单击【关闭】按钮，退出对话框。

（3）单击 完成草图 图标，完成草图的绘制，返回建模界面。

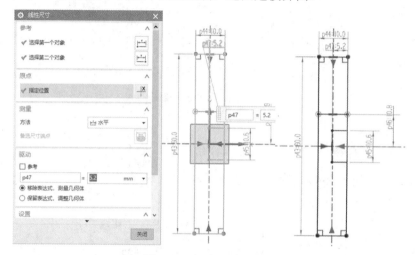

图 2-48　标注草图尺寸 3

2）拉伸草图

（1）选择【菜单】/【插入】/【设计特征】/【拉伸】或单击【拉伸】按钮，弹出【拉伸】对话框，确认选择过滤器为【区域边界曲线】；在【截面】选区中选择刚刚创建的草图中的两个不规则图形；在【距离】数值框中输入 10，然后单击【确定】按钮，如图 2-49 所示。

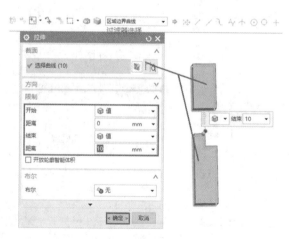

图 2-49　实体三主体的拉伸

（2）选择【菜单】/【插入】/【设计特征】/【拉伸】或单击【拉伸】按钮，弹出【拉伸】对话框，确认选择过滤器为【区域边界曲线】；在【截面】选区中选择刚刚创建的草图中间的"L"图形，在【距离】数值框中输入 4.8，然后单击【确定】按钮，如图 2-50 所示。

图 2-50 实体三的"L 图形"的创建

（3）选择【菜单】/【插入】/【组合】/【合并】或单击【合并】按钮 ☞，弹出【合并】对话框，在【目标】选区中，将选择体设置为中间的"L"图形；在【工具】选区中，将选择体设置为两个不规则图形，然后单击【确定】按钮，如图 2-51 所示。

图 2-51　实体三的合并

3）导出实体三

实体三的导出过程与实体一的导出过程相同。

5．其余三块实体的创建过程

其余三块实体的创建过程与前三块实体的创建过程基本一致，但都需要参照实体三视图，首先创建草图，然后拉伸、求和，最后导出各实体的 STL 文件。下面是关于其余三块实体的创建的基本过程图片。

1）第四块实体的创建过程

第四块实例的创建过程如图 2-52～图 2-54 所示。

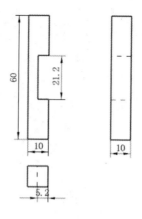

图 2-52　第四块实体的三视图

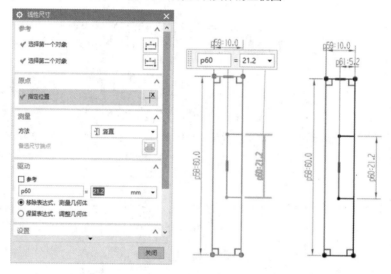

图 2-53　标注草图尺寸 4

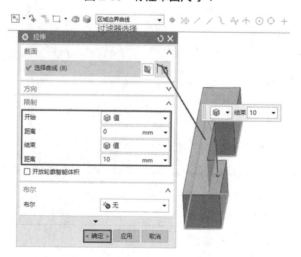

图 2-54　第四块实体的创建

2）第五块实体的创建过程

第五块实体的创建过程如图 2-55～图 2-59 所示。

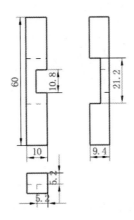

图 2-55 第五块实体的三视图

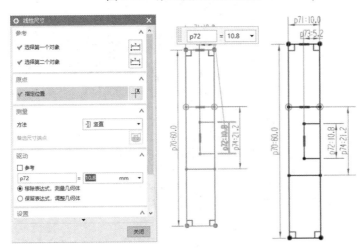

图 2-56 标注草图尺寸 5

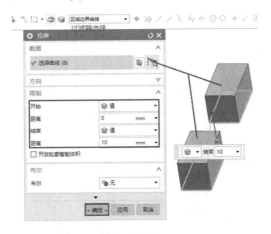

图 2-57 第五块实体的两个不规则图形的创建

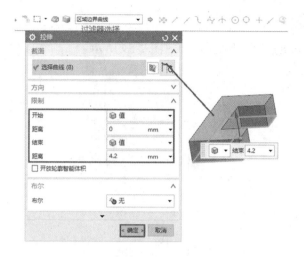

图 2-58　第五块实体的创建

图 2-59　第五块实体的合并

3）第六块实体的创建过程

第六块实体的创建过程如图 2-60～图 2-62 所示。

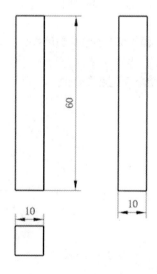

图 2-60　第六块实体的三视图

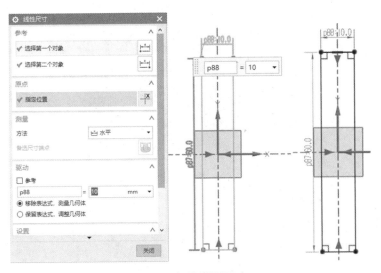

图 2-61　标注草图尺寸 6

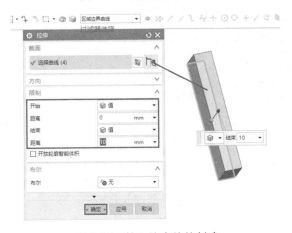

图 2-62　第六块实体的创建

三、鲁班锁的打印

1. 数据处理

（1）运行 Repetier-Host 3D 打印数据处理软件，如图 2-63 所示。

（2）单击 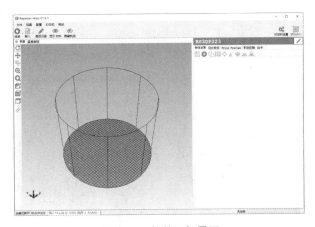 按钮，在弹出的对话框中找到"鲁班锁 1.stl""鲁班锁 2.stl""鲁班锁 3.stl""鲁班锁 4.stl""鲁班锁 5.stl""鲁班锁 6.stl"文件并选中，单击【打开】按钮，鲁班锁的全部模型会被导入成型空间，如图 2-64 所示。

图 2-63　软件运行界面

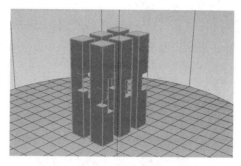

图 2-64　导入鲁班锁模型

（3）分别选中每个模型，单击 👆 按钮，通过在【旋转物体】对话框中输入模型绕 X、Y 或 Z 轴旋转的角度来改变成型方向，使每个模型最大的平面处于底部（这样可以在不添加支撑结构的情况下完成打印），如图 2-65 所示。

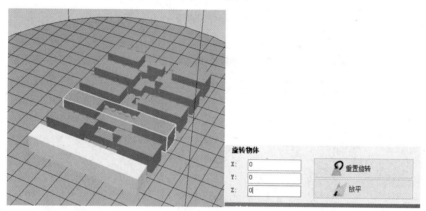

图 2-65　更改成型方向

（4）其余选项保持默认设置，单击右侧【切片软件】选项卡下的【开始切片 CuraEngine】按钮，开始切片分层。切片分层后的模型如图 2-66 所示。

提示：若出现"至少有一个打印物体在打印区域之外，是否终止切片"的警告提示，则单击【否】按钮即可。

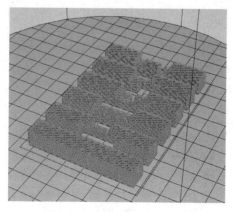

图 2-66　切片分层后的模型

（5）将 SD 卡插入计算机，或者将 SD 卡插入读卡器中，并将读卡器插入计算机的 USB 口中，单击【Print Preview】选项卡下的【Save to File】按钮，在弹出的对话框中选择保存路径为读卡器的根目录，文件名为"鲁班锁.gcode"。

2．模型打印

（1）打印准备。

在打印模型之前，要确保完成以下准备工作。

①材料已经安装好。

②喷头能够顺利出丝。

③喷头零点正确。

④工作台清理干净且已经调平。

（2）将存储鲁班锁分层后的 gcode 文件的 SD 卡插入打印机的 SD 卡插槽中，打开打印机底部侧面的红色电源开关，启动 3D 打印机。

（3）触击控制面板上的【工具】/【手动】按键，在打开的界面中触击【回零】按键，使各运动轴归零。

（4）触击控制面板上的【打印】按键，选择"鲁班锁.gcode"文件，触击【打印开始】按键，打印机开始对热床和打印喷头加热，待加热到设定温度后，打印机开始打印。

3．模型拆卸及后处理

模型打印完成后，需要把模型从打印机上拆卸下来，通常可用铲子慢慢撬下模型。从工作台上取下的鲁班锁模型如图 2-67 所示。若模型与工作台黏接很牢固，则可将工作台从打印机上取下，然后慢慢地用力将模型铲下。

注意：在铲除模型时，一定要戴好劳保手套，防止将手铲伤。

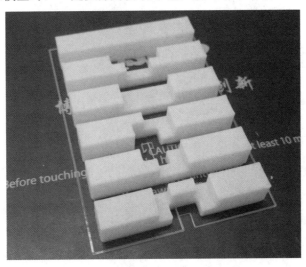

图 2-67　从工作台上取下的鲁班锁模型

任务三　中国象棋的设计与打印

学习目标

1. 掌握文字建模的方法。

2. 掌握旋转命令和布尔运算的使用方法。

3. 熟悉零件打印过程中更换材料的方法。

一、任务要求

象棋是中华民族的文化瑰宝,它源远流长、趣味浓厚,千百年来长盛不衰。象棋集文化、科学、艺术、竞技于一身,不但可以开发智力,锻炼人的毅力,而且可以修身养性、陶冶情操,深受广大群众的喜爱。本次任务参照图 2-68 所示的二维尺寸图和三维模型,利用 UG NX 10.0 软件完成象棋结构的建模,并利用 3D 打印机完成打印。

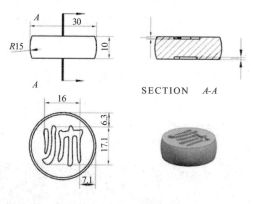

图 2-68　象棋实例

二、象棋棋子的建模

1. 新建模型文件

打开 UG NX 10.0 软件,选择【菜单】/【文件】/【新建】选项或单击⬚按钮,弹出【新建】对话框,在此指定文件的名称和保存路径,如图 2-69 所示。然后单击【确定】按钮,进入 UG 建模模块。

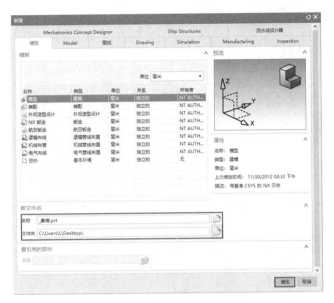

图 2-69　新建模型文件 1

2．绘制象棋草图

（1）选择【菜单】/【插入】/【草图】选项或单击 按钮，进入【创建草图】对话框，在【平面方法】下拉列表中选择相关选项，确定以 XY 平面作为草绘平面，如图 2-70 所示。然后单击【确定】按钮，退出【创建草图】对话框，进入草绘模块。

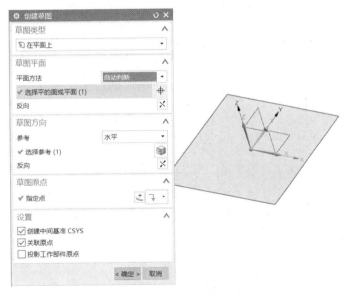

图 2-70　选择草绘平面 1

（2）单击轮廓草绘工具 ，在 XY 草绘平面上绘制如图 2-71 所示的草图，单击鼠标中键，退出轮廓草绘工具模式。分别双击草图上自动标注的尺寸，并输入指定值，修改后的尺寸如图 2-71 所示（图中所做标示为一个尺寸内容，其余尺寸同上）。所有尺寸修改完成后，单击【关闭】按钮，退出对话框。

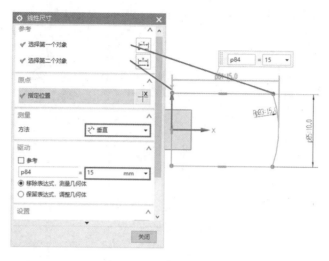

图 2-71　标注草图尺寸

（3）单击 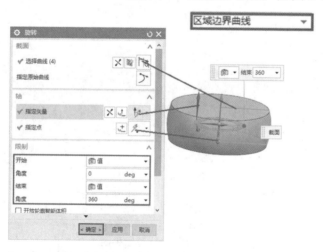 图标，完成草图的绘制，返回建模界面。

3. 象棋棋子的创建

选择【菜单】/【插入】/【设计特征】/【旋转】选项或单击【旋转】按钮，弹出【旋转】对话框，确认选择过滤器为【区域边界曲线】【相连曲线】【相切曲线】中的一项；在【截面】选区中的【选择曲线】处选择刚刚创建的草图；在【轴】选区中的【指定矢量】处选择 Z 轴，在【指定点】处选择底边底点；在【限制】选区中，在【开始】下拉列表中选择【值】选项，在【角度】数值框中输入 0，在【结束】下拉列表中选择【值】选项，在【角度】数值框中输入 360，然后单击【确定】按钮，如图 2-72 所示。

图 2-72　象棋棋子的创建

4. 象棋文本的创建

（1）选择【菜单】/【插入】/【曲线】/【文本】选项或单击【文本】按钮Ａ，弹出【文本】对话框，在【类型】选区中的列表框选择【平面的】选项；在【文本属性】选区的文本框中输入"帅"，将线型设置为"华文隶书"，将脚本设置为"GB2312"，将字型设置为"常规"；在【文本框】选区的【锚点位置】下拉列表中选择【中心】选项，【锚点放置】选项中的指定点为象棋面上的中点；尺寸设置如图 2-73 所示，然后单击【确定】按钮。

（2）选择【菜单】/【插入】/【设计特征】/【拉伸】选项或单击【拉伸】按钮，弹出【拉伸】对话框，确认选择过滤器为【特征曲线】【相连曲线】【相切曲线】中的一项；在【截面】选区中的【选择曲线】处选择创建的"帅"字文本；在【限制】选区的【开始】下拉列表中选择【值】选项，在【距离】相应的数值框中输入 0，在【结束】下拉列表中选择【值】选项，在相应的【距离】数值框中输入 1；在【布尔】选区的【布尔】下拉列表中选择【求差】选项，将选择体设置为创建的象棋棋子，然后单击【确定】按钮，如图 2-74 所示。

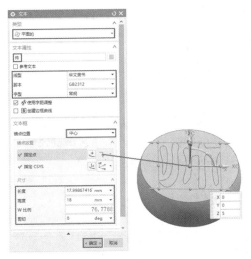

图 2-73　象棋文本的创建

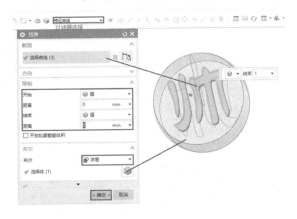

图 2-74　象棋文本建模

（3）选择【菜单】/【插入】/【关联复制】/【阵列特征】选项或单击【阵列特征】按钮，弹出【阵列特征】对话框，在【要形成阵列的特征】选区中的【选择特征】处选择拉伸实体

"帅"；在【阵列定义】选区的【布局】下拉列表中选择【圆形】选项，应【指定矢量】处选择 Y 轴，指定点为基准坐标系原点；在【间距】下拉列表中选择【数量和节距】选项，将数量设置为 2，将节距角设置为 180deg，然后单击【确定】按钮，如图 2-75 所示。

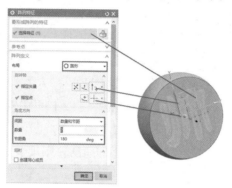

图 2-75　象棋文本建模阵列

5. 导出象棋棋子的 STL 文件

选择【文件】/【导出】/【STL】选项，在弹出的【快速成型】对话框中，将三角公差设置为 0.0200，单击【确定】按钮；在弹出的对话框中指定要导出的 STL 文件的名称和保存路径；接着在弹出的对话框中直接单击【确定】按钮；在【类选择】对话框中选择要导出的实体，本实例选择象棋棋子实体；在随后的两个对话框中均直接单击【确定】按钮，完成 STL 文件的导出工作，如图 2-76 所示。

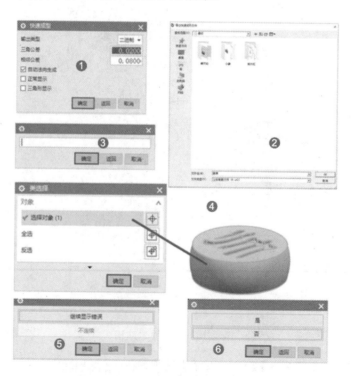

图 2-76　导出象棋棋子的 STL 文件

6．导出其他棋子的 STL 文件

双击建模特征树上的【文本】选项，弹出【文本编辑】对话框，将【文本属性】中的"帅"更改为"卒"或其他棋子中的文字，单击【确定】按钮，系统将更新建模过程，棋子变为"卒"或其他棋子，重复步骤 5 中的操作，导出"卒"或其他棋子的 STL 文件。

三、象棋盒的建模

象棋盒盒盖采用推拉结构，且在盒盖上添加"中国象棋"四个字。建模完成的象棋盒如图 2-77 所示。

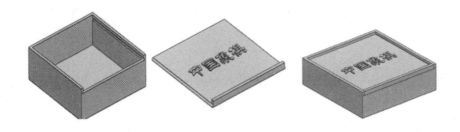

图 2-77　建模完成的象棋盒

1．新建模型文件

打开 UG NX 10.0 软件，选择【菜单】/【文件】/【新建】选项或单击 ⬜ 按钮，弹出【新建】对话框，在此指定文件的名称和保存路径，如图 2-78 所示。然后单击【确定】按钮，进入 UG 建模模块。

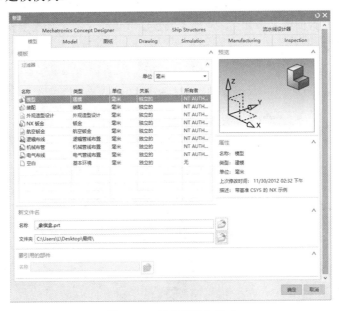

图 2-78　新建模型文件 2

2．绘制象棋盒草图

（1）选择【菜单】/【插入】/【草图】选项或单击按钮，进入【创建草图】对话框，在【平面方法】下拉列表中选择相应选项，确定以 XY 平面作为草绘平面，如图 2-79 所示。然后单击【确定】按钮，退出【创建草图】对话框，进入草绘模块。

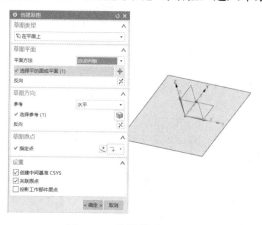

图 2-79　选择草绘平面 2

（2）单击矩形草绘工具，在 XY 草绘平面上绘制大体以原点为中心的矩形，单击鼠标中键，退出矩形草绘工具模式。分别双击矩形草图上自动标注的尺寸，输入指定值，修改后的尺寸如图 2-80 所示。所有尺寸修改完成后，单击【关闭】按钮，退出对话框。

（3）将矩形各对边设为关于 X、Y 轴对称，单击草图约束中的【设为对称】按钮（此时需要执行两次【设为对称】命令），在【主对象】选区的【选择对象】处选择矩形的任意一条边；在【次对象】选区的【选择对象】处选择矩形任意一条边的对边；在【对称中心线】选区的【选择中心线】处选择 Y 轴或 X 轴，单击【关闭】按钮，如图 2-81 所示。

（4）单击【偏置曲线】按钮，弹出【偏置曲线】对话框，在【要偏置的曲线】选区的【选择曲线】处选择矩形；在【偏置】选区的【距离】数值框中输入 4，单击【确定】按钮，如图 2-82 所示。

（5）单击完成草图图标，完成草图绘制，返回建模界面。

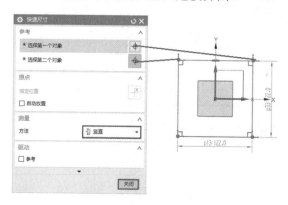

图 2-80　绘制草图 1

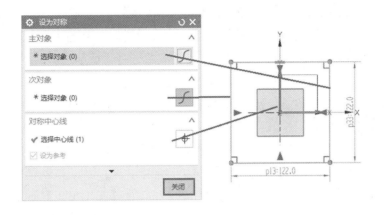

图 2-81　设为对称

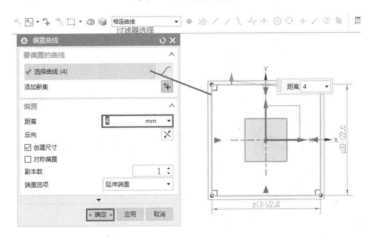

图 2-82　偏置设置

3．象棋盒的创建

（1）选择【菜单】/【插入】/【设计特征】/【拉伸】选项或单击【拉伸】按钮，弹出【拉伸】对话框，确认选择过滤器为【区域边界曲线】；在【截面】选区的【选择曲线】处选择创建的草图中的两矩形的相交处；在【限制】选区的【开始】下拉列表中选择【值】选项，在【距离】数值框中输入-2，在【结束】下拉列表中选择【值】选项，在【距离】数值框中输入 22，单击【确定】按钮，如图 2-83 所示。

（2）选择【菜单】/【插入】/【设计特征】/【拉伸】选项或单击【拉伸】按钮，弹出【拉伸】对话框，确认选择过滤器为【单条曲线】；在【截面】选区的【选择曲线】处选择创建的草图中的矩形（偏置 4mm 后的矩形）；在【限制】选区的【开始】下拉列表中选择【值】选项，在相应的【距离】数值框中输入 0，在【结束】下拉列表中选择【值】选项，在相应的【距离】数值框中输入 2，单击【确定】按钮，如图 2-84 所示。

（3）选择【菜单】/【插入】/【设计特征】/【拉伸】选项或单击【拉伸】按钮，弹出【拉伸】对话框，确认选择过滤器为【区域边界曲线】；在【截面】选区的【选择曲线】处选择象棋盒侧上面；在【限制】选区的【开始】下拉列表中选择【值】选项，在相应的【距离】数值框中输入 0，在【结束】下拉列表中选择【值】选项，在相应的【距离】数值框中输入 5，单击【确定】按钮，如图 2-85 所示。

（4）选择【菜单】/【插入】/【修剪】/【拆分体】选择或单击【拆分体】按钮，弹出【拆分体】对话框，在【目标】选区的【选择体】处选择步骤（3）中的矩形；在【工具】选区的【工具选项】下拉列表中选择【新建平面】选项，指定平面为象棋盒任意一里面，然后单击【确定】按钮，如图 2-86 所示。

（5）重复步骤（4）。需要注意的是，【工具】选区的【指定平面】处应选择步骤（4）所选象棋盒任意一里面的对面。

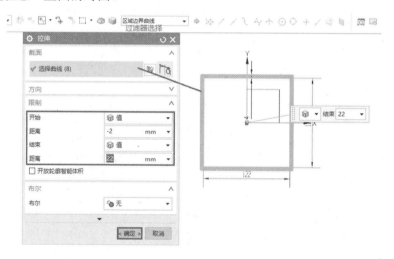

图 2-83　象棋盒侧壁建模

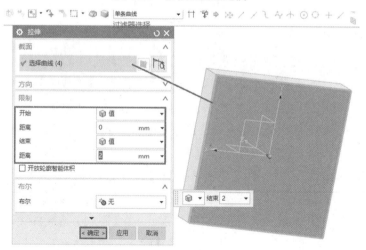

图 2-84　象棋盒底面建模

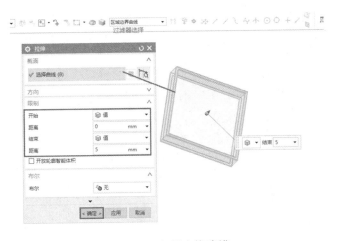

图 2-85　象棋盒檐建模

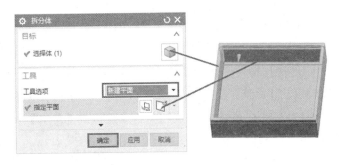

图 2-86　拆分体的创建

4．绘制象棋盒推拉槽及盖子草图

（1）选择【菜单】/【插入】/【草图】选项或单击 按钮，进入【创建草图】对话框，在【平面方法】下拉列表中选择现有平面作为草绘平面，在【选择平的面或平面】处应选择上述拆分体的面，如图 2-87 所示。单击【确定】按钮，退出【创建草图】对话框，进入草绘模块。

（2）单击轮廓草绘工具 ，画出如图 2-88 所示的草图。

（3）单击 完成草图图标，完成草图的绘制，返回建模界面。

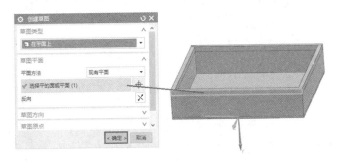

图 2-87　选择草绘平面 3

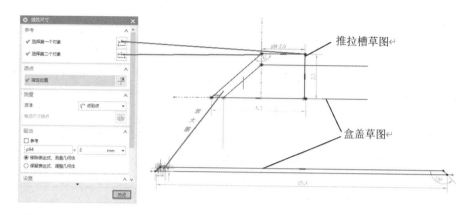

图 2-88　绘制草图 2

5. 象棋盒推拉槽的创建

（1）选择【菜单】/【插入】/【设计特征】/【拉伸】选项或单击【拉伸】按钮 ，弹出【拉伸】对话框，确认选择过滤器为【区域边界曲线】；在【截面】选区的【选择曲线】处选择如图 2-8 所示的推拉槽草图轮廓曲线；在【限制】选区的【开始】下拉列表中选择【值】选项，在相应的【距离】数值框中输入 0，在【结束】下拉列表中选择【值】选项，在相应的【距离】数值框中输入 126；在【布尔】选区的【布尔】下拉列表中选择【求差】选项，单击【确定】按钮，如图 2-89 所示。

（2）选择【菜单】/【插入】/【关联复制】/【镜像特征】选项或单击【镜像特征】按钮 ，弹出【镜像特征】对话框，在【要镜像的特征】选区的【选择特征】处选择象棋盒推拉槽；在【镜像平面】选区的【选择平面】处选择 ZY 平面，单击【确定】按钮，如图 2-90 所示。

（3）选择【菜单】/【插入】/【组合】/【合并】选项或单击【合并】按钮 合并 ，弹出【合并】对话框，在【目标】选区的【选择体】处选择象棋盒檐；在【工具】选区的【选择体】处选择象棋盒侧面，然后单击【确定】按钮，如图 2-91 所示。

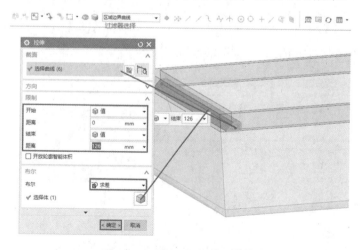

图 2-89　象棋盒推拉槽的创建

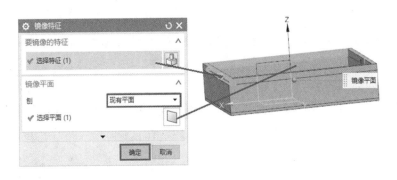

图 2-90　镜像象棋盒推拉槽

图 2-91　象棋盒的合并

6．导出象棋盒的 STL 文件

导出象棋盒的 STL 文件的过程如图 2-92 所示。

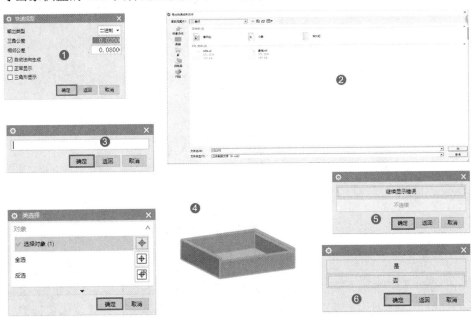

图 2-92　导出象棋盒的 STL 文件的过程

7．象棋盒盖子的创建

（1）选择【菜单】/【插入】/【设计特征】/【拉伸】选项或单击【拉伸】按钮📁，弹出【拉伸】对话框，确认选择过滤器为【特征曲线】【相连曲线】【单条曲线】中的一项；在【截面】选区的【选择曲线】处选择如图 2-88 所示的盒盖草图曲线；在【限制】选区的【开始】下拉列表中选择【值】选项，在相应的【距离】数值框中输入 0，在【结束】下拉列表中选择【值】选项，在相应的【距离】数值框中输入-126，单击【确定】按钮，如图 2-93 所示。

（2）选择【菜单】/【插入】/【组合】/【合并】选项或单击【合并】按钮，弹出【合并】对话框，在【目标】选区的【选择体】处选择象棋盒盖子；在【工具】选区的【选择体】处选择象棋盒盖檐，单击【确定】按钮，如图 2-94 所示。

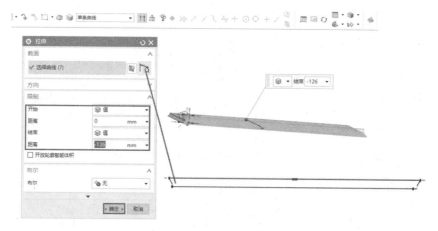

图 2-93　象棋盒盖子的创建

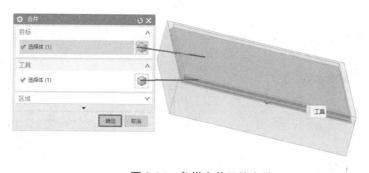

图 2-94　象棋盒盖子的合并

8．象棋盒盖子文本的创建

（1）选择【菜单】/【插入】/【曲线】/【文本】选项或单击【文本】按钮Ａ，弹出【文本】对话框，在【类型】选区的列表框中选择【平面副】选项；在【文本属性】选区的文本框中输入"中国象棋"，在【线型】下拉列表中选择【华文隶书】选项，在【脚本】下拉列表中选择【GB2312】选项，在【字型】下拉列表中选择【常规】选项；在【文本框】选区的【锚点位置】下拉列表中选择【中心】选项，将【锚点放置】选项中的指定点设置为象棋面上的中点；尺寸设置如图 2-95 所示，单击【确定】按钮。

（2）选择【菜单】/【插入】/【设计特征】/【拉伸】选项或单击【拉伸】按钮，弹出【拉伸】对话框，确认选择过滤器为【特征曲线】【相连曲线】【相切曲线】中的一项；在【截面】选区的【选择曲线】处选择创建的"中国象棋"文本；在【限制】选区的【开始】下拉列表中选择【值】选项，在相应的【距离】数值框中输入-1，在【结束】下拉列表中选择【值】选项，在相应的【距离】数值框中输入 0.4；在【布尔】选区的【布尔】下拉列表中选择【求和】选项，选择体为创建的象棋盒盖子，单击【确定】按钮，如图 2-96 所示。

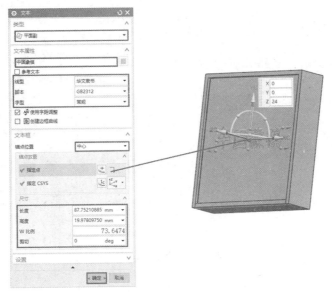

图 2-95　【文本】对话框

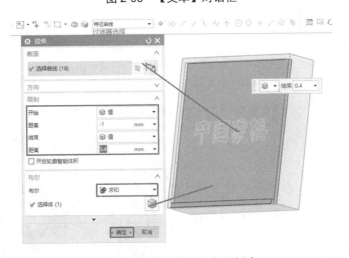

图 2-96　象棋盒盖子文本的创建

9. 导出 STL 文件

依次单击【文件】/【导出】/【STL】按钮，在弹出的对话框中，将三角公差设置为 0.0200，单击【确定】按钮；在弹出的对话框中指定要导出的 STL 文件的名称和保存路径，接着在弹出的对话框中直接单击【确定】按钮；在【类选择】对话框中选择要导出的实体，本实例选择象棋盒盖子实体；在随后的两个对话框中均直接单击【确定】按钮，完成 STL 文件的导出工作，如图 2-97 所示。

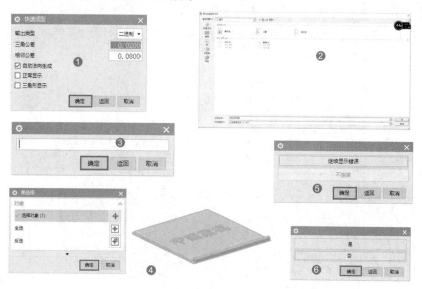

图 2-97　导出象棋盒盖子的 STL 文件

四、象棋的打印

1. 数据处理

（1）运行 Repetier-Host 3D 打印数据处理软件。

（2）单击【增加物体】按钮，在弹出的对话框中找到"将""士""象""马""车""炮""卒"文件，单击【打开】按钮，七个 STL 模型将被导入成型空间，如图 2-98 所示。

图 2-98　导入棋子的 STL 文件

（3）在右侧的标签页中选择"士"的 STL 模型，单击【复制物体】按钮🗍，在弹出的对话框中将拷贝数量设置为 1，勾选【增加模型后自动放置】复选框，单击【复制】按钮，如图 2-99 所示。

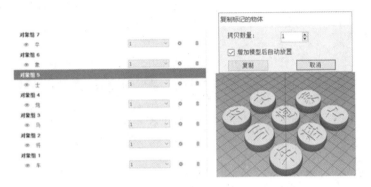

图 2-99　复制棋子"士"

（4）用同样的方式将"象""马""车""炮"各复制一个，"卒"复制四个。完成的模型布局如图 2-100 所示。

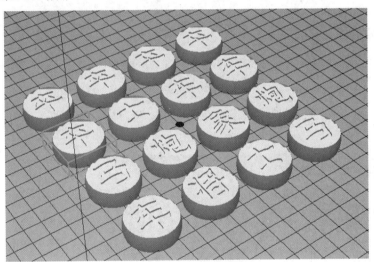

图 2-100　完成的模型布局

（5）单击【配置】按钮，打开打印参数设置对话框，参数如图 2-101 所示，单击【保存】按钮，确保修改的参数生效。单击【关闭】按钮，退出对话框。

（6）单击【切片软件】选项卡下的【开始切片 CuraEngine】按钮，开始切片分层。切片后的模型如图 2-102 所示。

（7）在右侧的【打印统计】选区中，可以看到层数、预计打印花费时间等信息；在【可视化】选区中，单击【显示指定的层】单选按钮，可以显示指定层的打印路径，通过调整结束层上的滑动条可以改变显示的层数，如图 2-103 所示。在此处可以找到文字凹进棋子的层数并记录其层数。

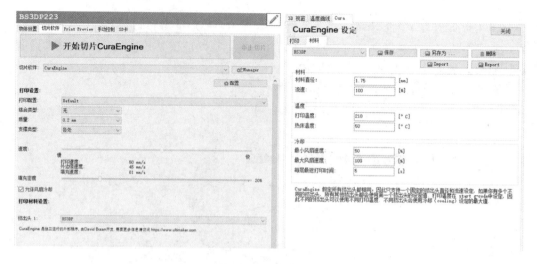

图 2-101　打印参数

图 2-102　切片后的模型

图 2-103　打印预览

（8）为了使打印的棋子更漂亮，需要在指定层更换材料，打印机打印到指定层时会暂停，操作者更换材料后继续打印。选择【Gcode 编辑】选项卡，如图 2-104 所示，在【Search】文本框中输入 LAYER:5，单击【Search】按钮，找到 LAYER:5 这一行，在该行前面按 Enter 键，插入空行，在空行中输入"M0"，当打印到此行时，打印机会暂停，此时可以更换材料，继续打印。

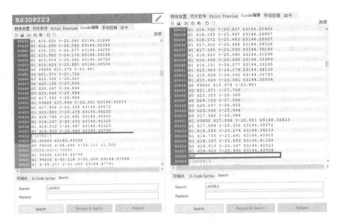

图 2-104　修改 Gcode

（9）同样的操作，在 LAYER:45 前加入"M0"指令。

注意：在使用搜索指令时，一定要使用大写字母，且冒号为半角字符。

（10）将 SD 卡插入计算机，或者将 SD 卡插入读卡器中，并将读卡器插入计算机的 USB 口中，单击【Print Preview】选项卡中的【Save to File】按钮，在弹出的对话框中选择保存路径为读卡器根目录，文件名为"象棋 A.gcode"。

（11）重复步骤（1）～（10），生成另一幅象棋——"象棋 B.gcode"。

（12）按一般零件的处理步骤生成象棋盒和象棋盒盖子的打印文件，文件名分别为"象棋盒体.gcode"和"盒盖.gcode"。

2．模型打印

（1）打印准备。

在打印模型之前，要确保完成以下准备工作。

①喷头能够顺利出丝。

②喷头零点正确。

③工作台清理干净且已经调平。

（2）将存储象棋切片分层的 gcode 文件"象棋 A.gcode""象棋 B.gcode""象棋盒体.gcode""盒盖.gcode"的 SD 卡插入打印机的 SD 卡插槽中，打开打印机底部侧面的红色电源开关，启动 3D 打印机。

（3）触击控制面板上的【工具】/【手动】按键，在打开的界面中触击【回零】按键 🏠，使各运动轴归零。

（4）更换打印材料。触击控制面板上的【工具】/【装卸耗材】按键，在打开的界面中触击【E1】的温度图标，开始预热材料。待喷头达到预热值后，触击界面右侧的退丝按键【E1】，如图 2-105 所示，退出打印机上原有的丝材。将白色丝材安装到打印机料架上，按照项目一中安装打印材料的方法，将白色丝材安装到打印机上。

图 2-105　更换材料

（5）触击控制面板上的【打印】按键，选择"象棋 A.gcode"文件，执行【打印】命令，打印机开始对热床和打印喷头加热，待加热到设定温度后，打印机开始打印。

（6）当打印完成前五层丝材后，打印机暂停，打印头抬起，此时左手按压挤出机手柄，使送丝搓轮松开，右手将丝材从打印机中抽出，如图 2-106 所示。

注意：此时只能采用手动方式换丝，不能使用装卸耗材指令。

图 2-106　手动更换丝材

（7）用同样的方式安装蓝色丝材，确保丝材能够顺利从喷嘴挤出，清理喷嘴上多余的丝材，触击控制面板上的【继续打印】按键，如图 2-107 所示，打印机继续工作。

图 2-107　继续打印

（8）当打印完第 44 层时，打印机再次暂停，用同样的方法手动更换白色丝材，然后继续打印，直至打印完成。

（9）打印完成后，打印机的操作面板上会出现打印完成的对话框，触击【确定】按键，然后触击控制面板上的【工具】/【手动】按键，在打开的界面中触击【回零】按键 🏠，使各运动轴归零。

3．模型拆卸及后处理

模型打印完成后，需要把模型从打印机上拆卸下来，通常可用铲子慢慢撬下模型。从工作台上取下的棋子 A 的模型如图 2-108 所示。若模型与工作台黏接很牢固，则可将工作台从打印机上取下，然后慢慢用力，将模型铲下。

注意：在铲除模型时，一定要戴好劳保手套，防止将手铲伤。

图 2-108　棋子 A

4．其他模型的打印及后处理

（1）用同样的方式打印棋子 B，棋子 B 中间采用橙色丝材，结果如图 2-109 所示。

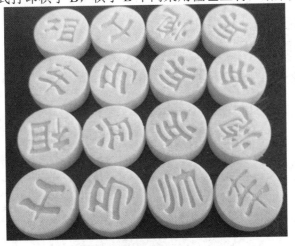

图 2-109　棋子 B

（2）象棋盒体打印成型方向及打印参数如图 2-110 所示，打印后的象棋盒体模型如图 2-111 所示

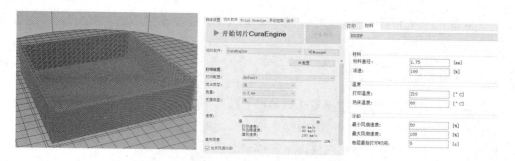

图 2-110　象棋盒体打印成型方向及打印参数

图 2-111　打印后的象棋盒体模型

（3）象棋盒盖子打印成型方向及打印参数如图 2-112 所示，打印后的象棋盒盖子模型如图 2-113 所示。

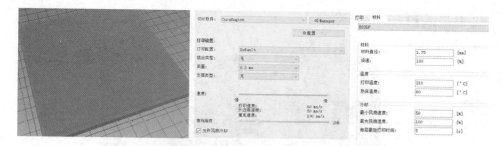

图 2-112　象棋盒盖子打印成型方向及打印参数

图 2-113　打印后的象棋盒盖子模型

（4）所有零件打印完成后，象棋整体组装后的效果如图 2-114 所示。

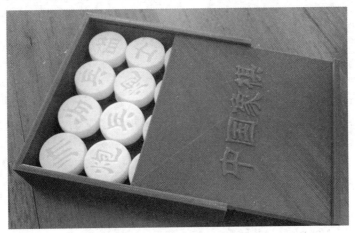

图 2-114　象棋整体组装后的效果

项目三

一般零件的设计与打印

任务一　烟灰缸的设计与打印

学习目标

1. 进一步熟悉 UG NX 建模的基本操作。

2. 掌握拔模命令和布尔运算的使用方法。

3. 掌握阵列命令的原理及操作方法。

一、任务要求

烟灰缸是人们生活中常见的生活用品，本次任务是参照如图 3-1 所示的二维尺寸图和三维模型，利用 UG NX 10.0 软件完成烟灰缸结构的建模，并利用 3D 打印完成打印。

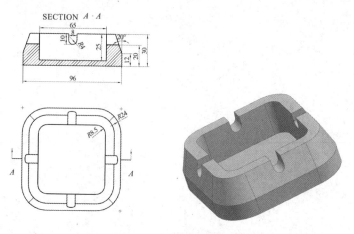

图 3-1　烟灰缸设计图

二、建模过程

1．新建模型文件

打开 UG NX 10.0 软件，选择【菜单】/【文件】/【新建】选项或单击 按钮，进入【新建】对话框，指定文件的名称和保存路径，如图 3-2 所示。单击【确定】按钮，进入 UG 建模模块。

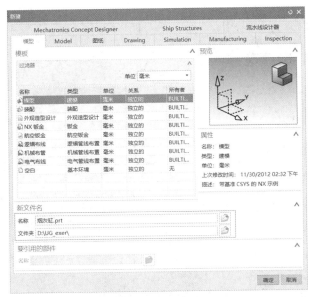

图 3-2　【新建】对话框

2．绘制烟灰缸主体草图

（1）选择【菜单】/【插入】/【草图】选项或单击 按钮，进入【创建草图】对话框，在【平面方法】下拉列表中选择相应选项，确定以 XY 平面作为草绘平面，如图 3-3 所示。单击【确定】按钮，退出【创建草图】对话框，进入草绘模块。

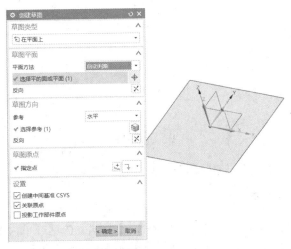

图 3-3　【创建草图】对话框

（2）单击矩形草绘工具▢，在 XY 草绘平面上绘制大体以原点为中心的矩形，单击鼠标中键，退出矩形草绘工具模式。分别双击矩形草图上自动标注的尺寸，输入指定值，修改后的尺寸如图 3-4 所示，所有尺寸修改完成后单击【关闭】按钮，退出对话框。

（3）单击圆角草绘工具⌐，分别选择矩形的两条边，输入圆角半径（24mm），按 Enter 键。同样的操作，将矩形的四个角都倒成 R24mm 的圆角，按鼠标中键，结束圆角操作，如图 3-5 所示。

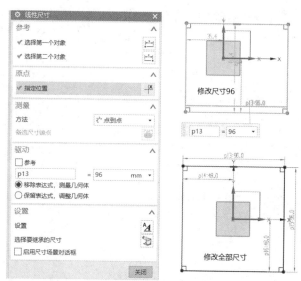

图 3-4　修改草图尺寸

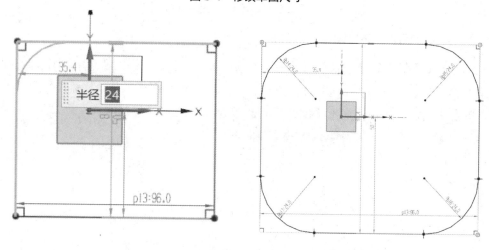

图 3-5　圆角操作

（4）单击▩完成草图图标，完成草图的绘制，返回建模界面。

3. 烟灰缸主体的创建

（1）选择【菜单】/【插入】/【设计特征】/【拉伸】选项或单击【拉伸】按钮▩，弹出【拉伸】对话框，确认选择过滤器为【特征曲线】【相连曲线】【相切曲线】中的一项；

在【截面】选区的【选择曲线】处选择刚刚创建的草图；在【距离】数值框中输入 12，单击【确定】按钮，如图 3-6 所示。

（2）再次单击【拉伸】按钮▦，弹出【拉伸】对话框，确认选择过滤器为【面的边】，在【截面】选区的【选择曲线】处选择前一步拉伸体的上表面；在【距离】数值框中输入 18；在【布尔】下拉列表中选择【求和】选项，在【选择体】处选择前一步的拉伸体；在【拔模】选区的【拔模】下拉列表中选择【从起始限制】选项，在【角度】数值框中输入 20，然后单击【确定】按钮，如图 3-7 所示。

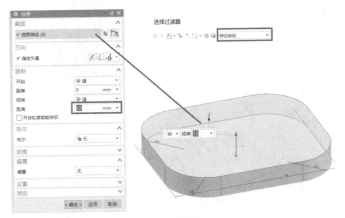

图 3-6 拉伸烟灰缸的下半部分

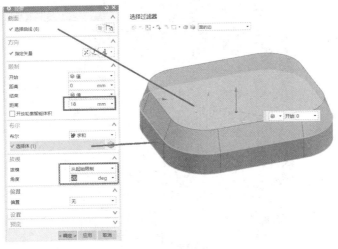

图 3-7 拉伸烟灰缸的上半部分

4．烟灰缸腔体的创建

（1）选择【菜单】/【插入】/【草图】选项或单击▦按钮，进入【创建草图】对话框，在【平面方法】下拉列表中选择相应选项，确定以上一步创建的拉伸体的上表面为草绘平面；在【草图原点】选区中，选择自动判断点，选取基准坐标系的坐标原点为草绘原点，如图 3-8 所示。单击【确定】按钮，退出【创建草图】对话框。

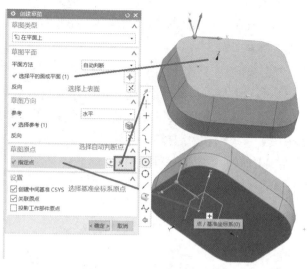

图3-8　烟灰缸腔体草图平面

（2）在草绘环境中，单击矩形草绘工具▫，在草绘平面上绘制大体以原点为中心的矩形，单击鼠标中键，退出矩形草绘工具模式。分别双击矩形草图上自动标注的尺寸，输入指定值，修改后的尺寸如图 3-9 所示。所有尺寸修改完成后单击【关闭】按钮，退出对话框。

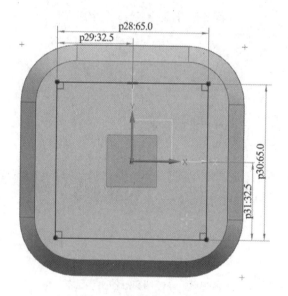

图 3-9　烟灰缸腔体草图

（3）单击圆角草绘工具┐，分别选择矩形的两条边，输入圆角半径（24mm），按 Enter 键。执行同样的操作，将矩形的四个角都倒成 R8.5mm 的圆角，按鼠标中键结束圆角操作。倒圆角后的腔体草图如图 3-10 所示。单击 ⬛完成草图 图标，完成草图的绘制，返回建模界面。

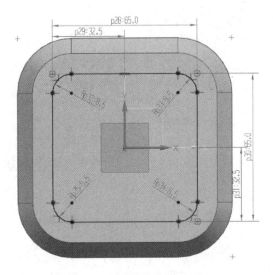

图 3-10 倒圆角后的腔体草图

（4）选择【菜单】/【插入】/【设计特征】/【拉伸】选项或单击【拉伸】按钮，弹出【拉伸】对话框，确认选择过滤器为【特征曲线】【相连曲线】【相切曲线】中的一项；在【截面】选区的【选择曲线】处选择刚刚创建的草图；在【距离】数值框中输入 25；拉伸方向应指向上一步创建的实体的内部，若方向不正确，则可单击【方向】选区中的按钮改变方向；在【布尔】选区的【布尔】下拉列表中选择【求差】选项，在【选择体】处选择上一步创建的实体，如图 3-11 所示。单击【确定】按钮，退出【拉伸】对话框。

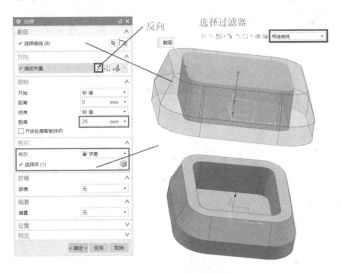

图 3-11 创建烟灰缸腔体

5. 置烟槽草图的创建

（1）选择【菜单】/【插入】/【草图】选项或单击按钮，进入【创建草图】对话框，在【平面方法】下拉列表中选择相应选项，确定以 XZ 平面的草绘平面，如图 3-12 所示。单击【确定】按钮，退出【创建草图】对话框。

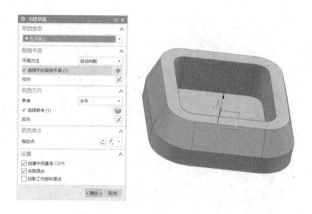

图 3-12　置烟槽截面草图

（2）在草绘环境中，单击矩形草绘工具▫，在草绘平面上绘制 8mm×6mm 的矩形，单击圆形绘制工具○，以矩形下底边中心为圆心，绘制 R4mm 的圆，单击鼠标中键，退出圆形绘制工具模式。单击快速尺寸工具，为绘制的草图标注尺寸，如图 3-13 所示。所有尺寸修改完成后单击【关闭】按钮，退出对话框。

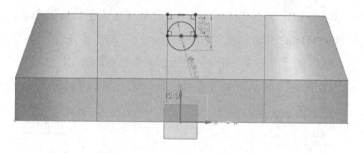

图 3-13　草图截面

（3）单击快速修剪工具，再单击矩形底边和圆上部圆弧，修剪多余线条。单击完成草图图标，完成草图的绘制，返回建模界面，如图 3-14 所示。

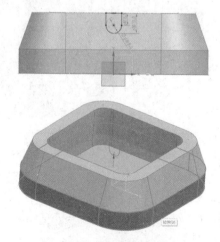

图 3-14　置烟槽草图

6．置烟槽的创建

（1）选择【菜单】/【插入】/【设计特征】/【拉伸】选项或单击【拉伸】按钮⬚，弹出【拉伸】对话框，确认选择过滤器为【特征曲线】【相连曲线】【相切曲线】中的一项；在【截面】选区的【选择曲线】处选择刚刚创建的草图；在【限制】选区的【结束】下拉列表中选择【对称值】选项，在【距离】数值框中输入50；在【布尔】选区的【布尔】下拉列表中选择【求差】选项，在【选择体】处选择上一步创建的实体，如图3-15所示。单击【确定】按钮，退出【拉伸】对话框。

（2）选择【菜单】/【插入】/【关联复制】/【阵列特征】选项或单击➧阵列特征 按钮，弹出【阵列特征】对话框，在【要形成阵列的特征】选区【选择特征】处选择上一步的拉伸特征；在【阵列定义】选区的【布局】下拉列表中选择【圆形】选项，将指定矢量设置为Z轴；在【间距】下拉列表中选择【数量和节距】选项，在【数量】数值框中输入2，在【节距角】数值框中输入90，如图3-16所示。单击【确定】按钮，退出【阵列特征】对话框。

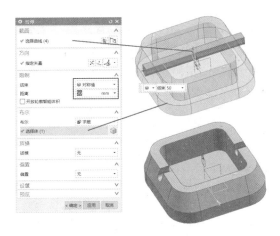

图 3-15 置烟槽的创建

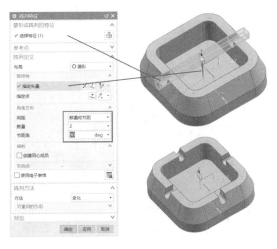

图 3-16 阵列置烟槽

7. 隐藏其他项

在【视图】标签页中单击【显示/隐藏工具】按钮，在【显示和隐藏】对话框中，单击【全部】栏中的"–"，单击"实体"栏中的"+"。这样，视图中仅显示建模后的实体，如图3-17所示。

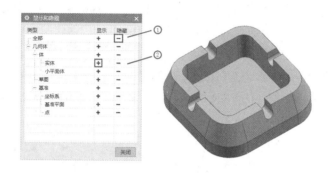

图3-17　绘制完成的烟灰缸

8. 导出 STL 文件

选择【文件】/【导出】/【STL】选项，在弹出的对话框中，将三角公差设置为0.0200，单击【确定】按钮；在弹出的对话框中指定要导出的STL文件的名称和保存路径；接着在弹出的对话框中直接单击【确定】按钮；在【类选择】对话框中选择要导出的实体，本实例选择烟灰缸实体；在随后的两个对话框中均直接单击【确定】按钮，如图3-18所示，完成STL文件的导出。

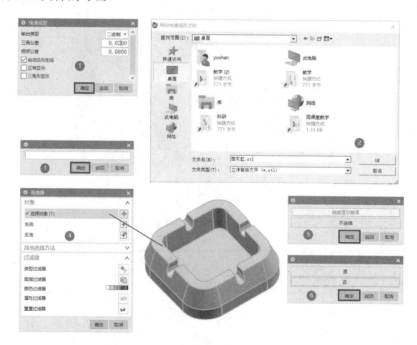

图3-18　导出 STL 文件

三、烟灰缸的打印

1. 数据处理

（1）运行 Repetier-Host 3D 打印数据处理软件，如图 3-19 所示。

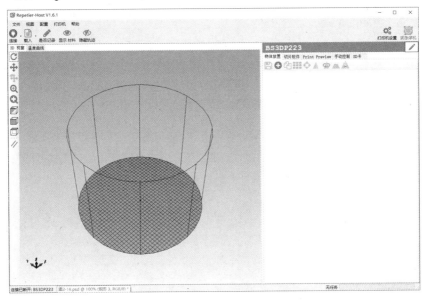

图 3-19　运行界面

（2）单击【载入】按钮，在弹出的对话框中找到"烟灰缸.stl"文件，单击【打开】按钮，烟灰缸的 STL 模型会被导入成型空间，如图 3-20 所示。

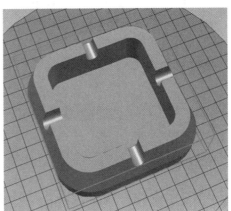

图 3-20　导入烟灰缸模型

（3）设置分层参数。单击右侧【切片软件】选项卡中的【开始切片 CuraEngine】按钮，开始切片分层。切片分层参数和分层后的模型如图 3-21 所示。

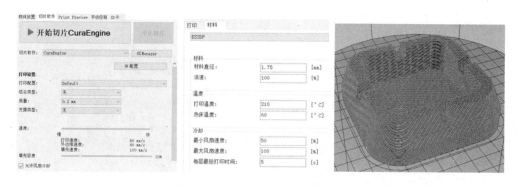

图 3-21 切片分层参数和分层后的模型

（4）将 SD 卡插入计算机，或者将 SD 卡插入读卡器中，并将读卡器插入计算机的 USB 口中，单击【Print Preview】选项卡中的【Save to File】按钮，在弹出的对话框中选择保存路径为读卡器根目录，文件名为"烟灰缸.gcode"。

2．模型打印

（1）打印准备。

在打印模型之前，要确保完成以下准备工作。

①材料已经安装好。

②喷头能够顺利出丝。

③喷头零点正确。

④工作台清理干净且已经调平。

（2）将存储烟灰缸切片分层的 gcode 文件（"烟灰缸.gcode"）的 SD 卡插入打印机的 SD 卡插槽中，打开打印机底部左侧面的红色电源开关，启动 3D 打印机。

（3）触击控制面板上的【工具】/【手动】按键，在打开的界面中触击【回零】按键 🏠，使各运动轴归零。

（4）触击控制面板上的【打印】按键，选择"烟灰缸.gcode"文件，执行【打印】命令，打印机开始对热床和打印喷头加热，待加热到设定温度后，打印机开始打印，直至模型打印完成。

3．模型拆卸及后处理

模型打印完成后，需要把模型从打印机上拆卸下来，通常可用铲子慢慢撬下模型。从工作台上取下的烟灰缸模型如图 3-22 所示。若模型与工作台黏接很牢固，则可将工作台从打印机上取下，然后慢慢用力将模型铲下。

注意：在铲除模型时，一定要戴好劳保手套，防止将手铲伤。

图 3-22　从工作台上取下的烟灰缸模型

任务二　鸟巢的 3D 打印

学习目标

1. 掌握旋转命令和布尔运算的使用方法。

2. 初步掌握曲面生成方法和分割体命令的使用方法。

3. 理解 3D 打印中支撑的作用及使用方法。

一、任务要求

鸟巢国家体育场位于北京奥林匹克公园中心区南部，是 2008 年北京奥运会的主体育场，在此举行了奥运会、残奥会开/闭幕式、田径比赛及足球比赛决赛。奥运会后，鸟巢成为北京市地标性的体育建筑。本次任务利用 UG NX10.0 软件绘制鸟巢模型并完成 3D 打印。鸟巢模型如图 3-23 所示。

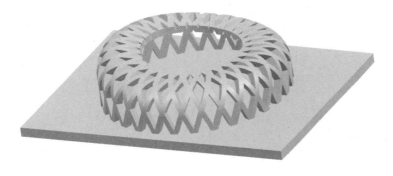

图 3-23　鸟巢模型

二、建模过程

1．新建模型文件

打开 UG NX 10.0 软件，选择【菜单】/【文件】/【新建】选项或单击 按钮，弹出【新建】对话框，在此指定文件的名称和保存路径，如图 3-24 所示。单击【确定】按钮，进入 UG 建模模块。

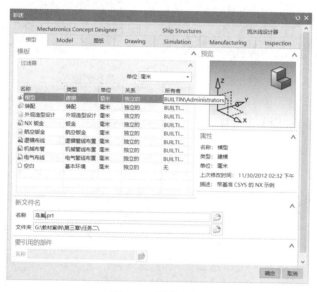

图 3-24 新建模型

2．创建柱形主体

（1）选择【菜单】/【插入】/【草图】选项或单击 按钮，弹出【创建草图】对话框，在【平面方法】下拉列表中选择相应选项，确定以 XY 平面作为草绘平面，如图 3-25 所示。单击【确定】按钮，退出【创建草图】对话框，进入草绘模块。

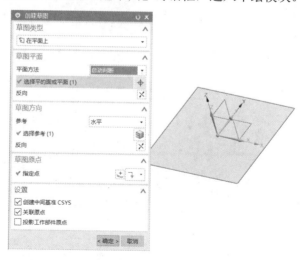

图 3-25 选择草绘平面

（2）单击圆形草绘工具○，在 XY 草绘平面上绘制以原点为中心的圆，单击鼠标中键，退出圆形草绘工具模式。分别双击矩形草图上的直径尺寸，输入 80，单击【确定】按钮，退出对话框，如图 3-26 所示。

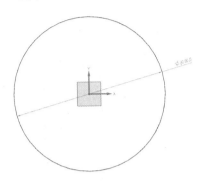

图 3-26 圆形草图

（3）选择【菜单】/【插入】/【设计特征】/【拉伸】选择或单击【拉伸】按钮，弹出【拉伸】对话框，确认选择过滤器为【特征曲线】【相连曲线】【相切曲线】中的一项；在【截面】选区的【选择曲线】处选择刚刚创建的草图；在【距离】数值框中输入 40，单击【确定】按钮，如图 3-27 所示。

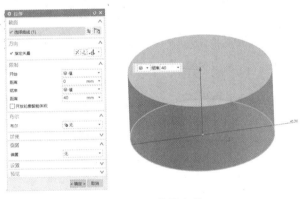

图 3-27 拉伸主体

（4）选择【菜单】/【插入】/【草图】选项或单击按钮，弹出【创建草图】对话框，在【平面方法】下拉列表中选择相应选项，确定以 XZ 平面作为草绘平面。单击圆弧工具，绘制出如图 3-28 所示的草图（圆弧半径自定）。

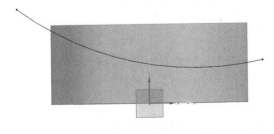

图 3-28 创建圆弧草图

（5）选择【菜单】/【插入】/【设计特征】/【拉伸】选项或单击【拉伸】按钮，弹出【拉伸】对话框，在【截面】选区的【选择曲线】处选择刚刚创建的草图；在【限制】选区的【结束】下拉列表中选择【对称值】选项，在【距离】数值框中输入 75，单击【确定】按钮，如图 3-29 所示。

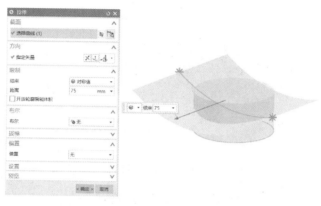

图 3-29　拉伸切割面

（6）执行【菜单】/【插入】/【修剪】/【修剪体】命令，在【选择体】处选择圆柱体，在【选择面或平面】处选择拉伸后的曲面，预览修剪后的圆柱体，若与图 3-30 所示的效果不一致，则单击【反向】按钮，然后单击【确定】按钮。

图 3-30　修剪圆柱体

（7）选中曲面，使用 Ctrl+B 快捷键隐藏曲面，依次单击【菜单】/【插入】/【细节特征】/【边倒圆】或【边倒圆】按钮，选择修剪体上表面边界，在【半径1】数值框中输入 10，单击【确定】按钮，结果如图 3-31 所示。

（8）执行【菜单】/【插入】/【偏置/缩放】/【抽壳】

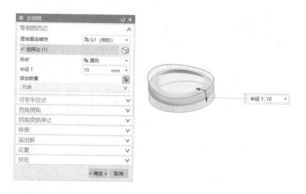

图 3-31　边倒圆

命令或单击 ▣抽壳 图标，选择底面作为要穿透的面，在【厚度】数值框中输入 3，单击【确定】按钮，结果如图 3-32 所示。

图 3-32　抽壳

3. 鸟巢框架的建立

（1）选择【菜单】/【插入】/【草图】选项或单击▣按钮，弹出【创建草图】对话框，在【平面方法】下拉列表中选择相应选择，确定以 XY 平面作为草绘平面，进入草绘模块。利用直线工具绘制出如图 3-33 所示的草图（直线尺寸和角度自定，但需要保证其关于竖直轴对称）。

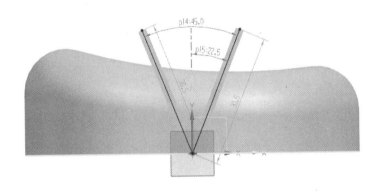

图 3-33　绘制草图

（2）选择【菜单】/【插入】/【设计特征】/【拉伸】选项或单击【拉伸】按钮▣，弹出【拉伸】对话框，选择刚刚创建的草图；在【限制】选区的【结束】下拉列表中选择【对称值】选项，在【距离】数值框中输入 75；在【布尔】下拉列表中选择【无】选项；在【偏置】下拉列表中选择【对称】选项，在【结束】数值框中输入 1，单击【确定】按钮，如图 3-34 所示。

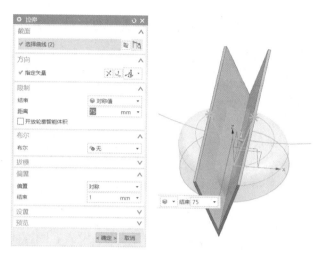

图 3-34　拉伸

（3）选择【菜单】/【插入】/【关联复制】/【阵列特征】选项或单击【阵列特征】按钮 ⊕ 阵列特征，弹出【陈列特征】对话框，在【选择特征】处选择刚刚创建的拉伸体；在【布局】下拉列表中选择【圆形】选项，在【指定矢量】处选择 Z 轴，在【间距】下拉列表中选择【数量和节距】选项，在【数量】数值框中输入 15，在【节距角】数值框中输入 12，单击【确定】按钮，如图 3-35 所示。

（4）选择【菜单】/【插入】/【组合】/【相交】选项或单击 ◎ 相交 · 图标，将目标体设置为抽壳后的圆柱体，将工具体设置为步骤（2）中的拉伸体和步骤（3）中的阵列特征体，单击【确定】按钮，结果如图 3-36 所示。

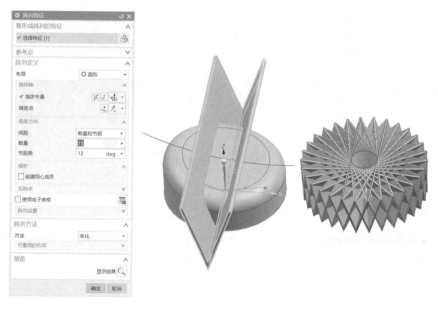

图 3-35　阵列特征操作

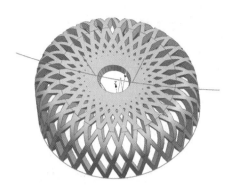

图 3-36 求交

（5）执行【菜单】/【插入】/【偏置/缩放】/【缩放体】命令，将【类型】设置为常规类型，在【选择体】处选择求交结果，在【比例因子】选区中，选择 X 向为 1.3，Y 向为 1，Z 向为 1，单击【确定】按钮，结果如图 3-37 所示。

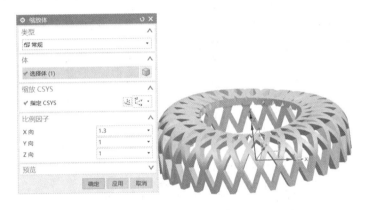

图 3-37 缩放体

（6）选择【菜单】/【插入】/【草图】选项或单击 按钮，弹出【创建草图】对话框，在【平面方法】下拉列表中选择相应选项，确定以 XY 平面作为草绘平面，进入草绘模块。利用圆形绘制工具，绘制以原点为圆心，直径为 42mm 的圆，如图 3-38 所示。

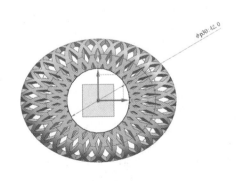

图 3-38 绘制圆形草图

（7）选择【菜单】/【插入】/【设计特征】/【拉伸】选项或单击【拉伸】按钮，弹出【拉伸】对话框，在【选择曲线】处选择刚刚创建的圆；在【距离】数值框中输入75；在【布尔】下拉列表中选择【求差】选项，如图3-39所示，然后单击【确定】按钮。

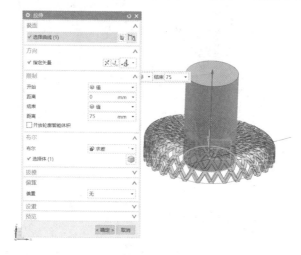

图3-39　制作圆孔

4．制作底座

（1）选择【菜单】/【插入】/【草图】选项或单击按钮，弹出【创建草图】对话框，在【平面方法】下拉列表中选择相应选项，确定以XY平面作为草绘平面，进入草绘模块。利用矩形绘制工具，绘制120mm×90mm的矩形并居中放置；利用椭圆，工具绘制长轴为40mm、短轴为30mm的椭圆，如图3-40所示。

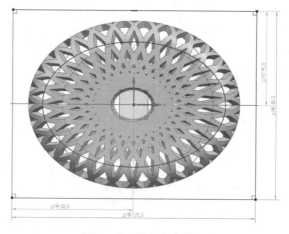

图3-40　绘制底座草图

（2）选择【菜单】/【插入】/【设计特征】/【拉伸】选项或单击【拉伸】按钮，弹出【拉伸】对话框，选择过滤器为【特征曲线】；在【选择曲线】处选择刚刚创建的草图；在【距离】数值框中输入1；在【布尔】下拉列表中选择【求和】选项，如图3-41所示，然后单击【确定】按钮。

图 3-41　拉伸鸟巢底座

5．导出 STL 文件

依次单击【文件】/【导出】/【STL】按钮，在弹出的对话框中，将三角公差设置为 0.0200，单击【确定】按钮；在弹出的对话框中指定要导出的 STL 文件的名称和保存路径；接着在弹出的对话框中直接单击【确定】按钮；在【类选择】对话框中选择要导出的实体，本实例选择鸟巢实体；在随后的两个对话框中均直接单击【确定】按钮，完成鸟巢 STL 文件的导出工作。

三、打印过程

1．数据处理

（1）运行 Repetier-Host 3D 打印数据处理软件，单击【载入】按钮🗎，在弹出的对话框中找到"鸟巢.stl"文件，单击【确定】按钮，鸟巢的 STL 模型会被导入成型空间，如图 3-42 所示。

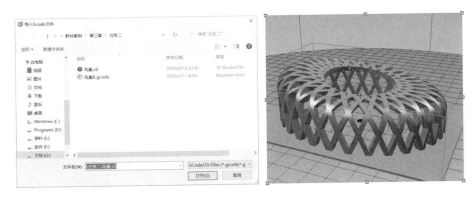

图 3-42　导入鸟巢模型

（2）由鸟巢模型几何结构可知，在打印鸟巢顶部时，由于顶部接近水平，且底部没有几何结构与其相连,因此需要添加支撑结构,以保证实体能够顺利打印。单击右侧【切片软件】选项卡下的【配置】按钮,在打开的支撑设置界面中确认如图 3-43 所示的参数设置,然后依次单击【保存】/【关闭】按钮。

图 3-43　支撑设置参数

（3）确认分层参数（见图 3-44）,单击【开始切片 CuraEngine】按钮,开始切片分层操作,结果如图 3-44 所示。

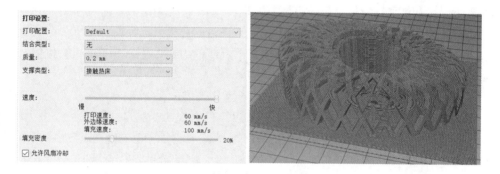

图 3-44　分层参数和切片后的模型

（4）将 SD 卡插入计算机,或者将 SD 卡插入读卡器中,并将读卡器插入计算机的 USB 口中,单击【Print Preview】选项卡下的【Save to File】按钮,在弹出的对话框中选择保存路径为读卡器根目录,文件名为"鸟巢.gcode"。

2．模型打印

（1）打印准备。

在打印模型之前,要确保完成以下准备工作。

①材料已经安装好。

②喷头能够顺利出丝。

③喷头零点正确。

④工作台清理干净且已经调平。

（2）将存储"鸟巢.gcode"文件的 SD 卡插入打印机的 SD 卡插槽中,打开打印机底部侧面的红色电源开关,启动 3D 打印机。

（3）触击控制面板上【工具】/【手动】按键，然后触击【回零】图标，使运动轴归零。

（4）触击控制面板上的【打印】按键，选择要打印的文件"鸟巢.gcode"，执行【打印】命令，打印机开始对热床和打印喷头加热，待加热到设定温度后，打印机开始打印。

3. 模型拆卸及后处理

（1）打印完成后，会显示打印完成的对话框，触击【是】按键，然后触击控制面板上的【工具】/【手动】按键，最后触击【回零】图标，使打印头归零并抬起。打印完成的鸟巢模型如图 3-45 所示。

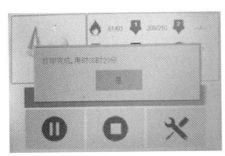

图 3-45 打印完成的鸟巢模型

（2）取下鸟巢模型。通常可用铲子慢慢撬下模型，若模型与工作台黏接很牢固，则可将工作台从打印机上取下，然后慢慢用力将模型铲下，如图 3-46 所示。

注意：在铲除模型时，一定要戴好劳保手套，防止铲伤手。

图 3-46　取下鸟巢模型

（3）鸟巢内部含有大量的支撑，支撑不是鸟巢模型的一部分，需要用偏口钳或尖嘴钳将其取下。取下支撑后的模型如图 3-47 所示。

图 3-47　取下支撑后的模型

任务三　小象手机支架的设计与打印

学习目标

1. 进一步熟悉 UG NX 建模的基本操作。

2. 掌握影像逆向的建模方法。

3. 进一步熟悉 3D 打印设备的操作方法。

一、任务要求

随着人们物质生活的提高，手机成了人们日常生活中必不可少的通信工具和娱乐工具。一边看手机，一边干手头的工作成了许多人的生活常态，因此，各种各样的手机支架应运而生。本次任务要求依据网上卡通图片，设计一款既可爱又实用的手机支架，并通过 3D 打印制作出来。

本实例选用的是一幅可爱的小象图片，利用 UG NX 10.0 软件的影像草绘功能，通过基本的拉伸命令完成小象手机支架的三维建模。需要创建的有三部分，分别是身体、眼睛、耳朵，如图 3-48 所示。

图 3-48　小象手机支架

二、建模过程

1. 新建模型文件

打开 UG NX 10.0 软件，选择【菜单】/【文件】/【新建】选项或单击 按钮，弹出【新建】对话框，在此指定文件的名称和保存路径，如图 3-49 所示。然后单击【确定】按钮，进入 UG 建模模块。

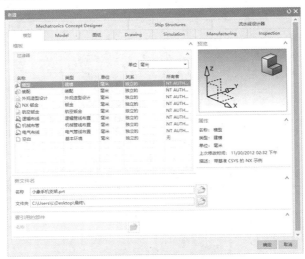

图 3-49　新建模型文件

2. 导入图片

（1）选择【菜单】/【插入】/【基准/点】/【光栅图像】选项，如图 3-50 所示。

图 3-50　导入图片

（2）选择【光栅图像】选项之后，弹出【光栅图像】对话框，在【目标对象】选区下的【指定平面】处选择 XY 平面；在【图像定义】选区下单击【浏览】按钮 💬，在弹出的【打开光栅图像文件】对话框中找到要插入的图像并选中，如图 3-51 所示，然后单击【OK】按钮，再单击【光栅图像】对话框中的【确定】按钮。

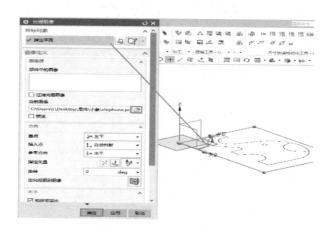

图 3-51　选择光栅图像

3. 创建草图

（1）选择【菜单】/【插入】/【草图】选项或单击 按钮，弹出【创建草图】对话框，在【平面方法】下拉列表中选择相应选项，确定以 XY 平面作为草绘平面，如图 3-52 所示。单击【确定】按钮，退出【创建草图】对话框，进入草绘模块。

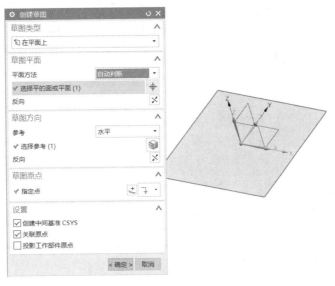

图 3-52　选择草绘平面

（2）单击轮廓草绘工具 ↳，用直线与圆弧描绘出小象的身体、耳朵及眼睛，如图 3-53 所示。此时应该注意的是，单击【几何约束】按钮 ⌐，使小象手机支架更加美观、实用。

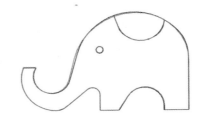

图 3-53　小象草图

①约束图形中所有相邻的直线与圆弧均相切，如图 3-54 所示（图中为一个相切约束示例），在【约束】选区中单击【相切按钮】 ⏜；在【要约束的几何体】选区的【选择要约束的对象】处选择任意直线，在【选择要约束到的对象】处选择相邻圆弧。

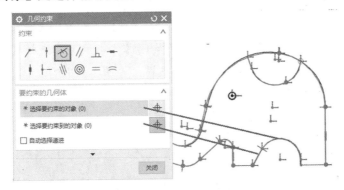

图 3-54　直线与圆弧相切

②约束图形中小象脚的两条直线为共线，如图 3-55 所示，在【约束】选区中单击【相切】按钮 ﹨；在【要约束的几何体】选区的【选择要约束的对象】处选择小象脚的直线，在【选择要约束到的对象】处选择另一只小象脚的直线。

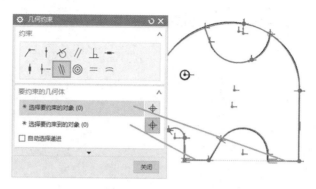

图 3-55　两直线共线

③约束图形中小象鼻子的切点在脚直线上，如图 3-56 所示，在【约束】选区中单击【相切】按钮 ；在【要约束的几何体】选区的【选择要约束的对象】处选择任意脚的一条直线，在【选择要约束到的对象】处选择鼻子处的切点。

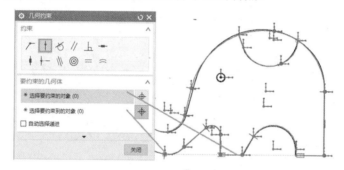

图 3-56　鼻子的切点在脚直线上

（3）单击 完成草图 图标，完成草图的绘制，返回建模界面。

4．小象身体的创建

选择【菜单】/【插入】/【设计特征】/【拉伸】选项或单击【拉伸】按钮 ，弹出【拉伸】对话框，确认选择过滤器为【单条曲线】；在【截面】选区的【选择曲线】处选择创建的草图中的小象身体；在【限制】选区的【结束】下拉列表中选择【对称值】选项，在【距离】数值框中输入 15，单击【确定】按钮，如图 3-57 所示。

图 3-57　小象身体的创建

5．小象耳朵的创建

先隐藏小象身体拉伸实体，再选择【菜单】/【插入】/【设计特征】/【拉伸】选项或单击【拉伸】按钮▦，弹出【拉伸】对话框，确认选择过滤器为【区域边界曲线】，在【截面】选区的【选择曲线】处选择创建的草图中的小象耳朵；在【限制】选区的【开始】下拉列表中选择【值】选项，在相应的【距离】数值框中输入 15，在【结束】下拉列表中选择【值】选项，在相应的【距离】数值框中输入 16，单击【确定】按钮，如图 3-58 所示。

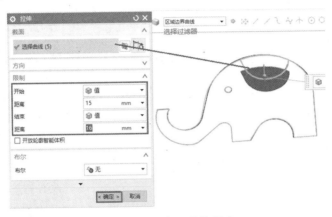

图 3-58 小象耳朵的创建

6．小象眼睛的创建

选择【菜单】/【插入】/【设计特征】/【拉伸】选项或单击【拉伸】按钮▦，弹出【拉伸】对话框，确认选择过滤器为【单条曲线】；在【截面】选区的【选择曲线】处选择创建的草图中的小象眼睛；在【限制】选区的【开始】下拉列表中选择【值】选项，在相应的【距离】数值框中输入 13，在【结束】下拉列表中选择【值】选项，在相应的【距离】数值框中输入 15；在【布尔】选区的【布尔】下拉列表中选择【求差】选项，在【选择体】处选择小象身体，单击【确定】按钮，如图 3-59 所示。

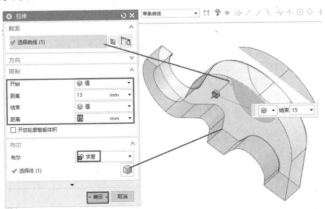

图 3-59 小象眼睛的创建

7. 另一侧耳朵和眼睛的创建

选择【菜单】/【插入】/【关联复制】/【镜像特征】选项或单击【镜像特征】按钮 ⬥，弹出【镜像特征】对话框，在【要镜像的特征】选区的【选择特征】处选择小象的眼睛和耳朵；在【镜像平面】选区的【选择平面】处选择 XY 平面，单击【确定】按钮，如图 3-60 所示。

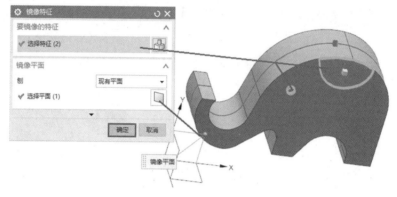

图 3-60　另一侧耳朵和眼睛的创建

8. 整体求和

选择【菜单】/【插入】/【组合】/【合并】选项或单击【合并】按钮 ⬥，弹出【合并】对话框，在【目标】选区的【选择体】处选择小象身体；在【工具】选区的【选择体】处选择小象的两只耳朵，单击【确定】按钮，如图 3-61 所示。

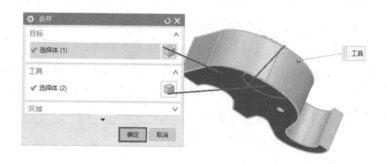

图 3-61　整体求和

9. 导出小象手机支架的 STL 文件

依次单击【文件】/【导出】/【STL】按钮，在弹出的对话框中，将三角公差设置为0.0200，单击【确定】按钮；在弹出的对话框中指定要导出的 STL 文件的名称和保存路径；接着在弹出的对话框中直接单击【确定】按钮；在【类选择】对话框中选择要导出的实体小象；在随后的两个对话框中均直接单击【确定】按钮，完成 STL 文件的导出工作，如图 3-62 所示。

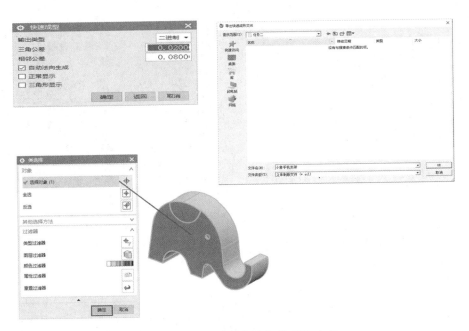

图 3-62　导出小象手机支架的 STL 文件

三、小象手机支架的打印

1. 数据处理

（1）运行 Repetier-Host 3D 打印数据处理软件，如图 3-63 所示。

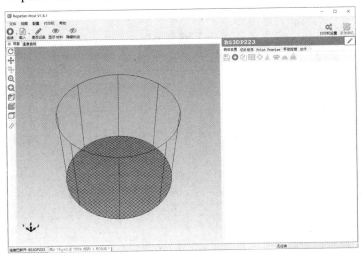

图 3-63　运行界面

（2）单击【载入】按钮，在弹出的对话框中找到"小象手机支架.stl"文件，单击【打开】按钮，小象手机支架的 STL 模型会被导入成型空间，如图 3-64 所示。

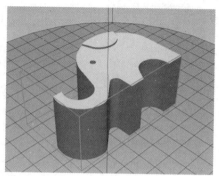

图 3-64　导入小象手机支架模型

（3）单击【旋转】按钮，在【X】数值框中输入 90，如图 3-65 所示，使小象站立，单击⊕图标，将物体放置在工作台中央。

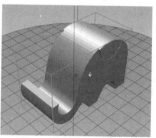

图 3-65　旋转物体

（4）设置分层参数。单击右侧【切片软件】选项卡下的【开始切片 CuraEngine】按钮，开始切片分层。分层参数和分层后的模型如图 3-66 所示。为确保修改的参数生效，一定要先单击【保存】按钮，再开始分层操作。

图 3-66　分层参数和分层后的模型

（5）将 SD 卡插入计算机，或者将 SD 卡插入读卡器中，并将读卡器插入计算机的 USB 口中，单击【Print Preview】选项卡下的【Save to File】按钮，在弹出的对话框中选择保存路径为读卡器根目录，文件名为"小象手机支架.gcode"。

2. 模型打印

（1）打印准备。

在打印模型之前，要确保完成以下准备工作。

①材料已经安装好。

②喷头能够顺利出丝。

③喷头零点正确。

④工作台清理干净且已经调平。

（2）将存储小象手机支架切片分层的 gcode 文件"小象手机支架.gcode"的 SD 卡插入打印机的 SD 卡插槽中，打开打印机底部左侧的红色电源开关，启动 3D 打印机。

（3）触击控制面板上的【工具】/【手动】按键，在打开的界面中触击【回零】按键，使各运动轴归零。

（4）触击控制面板上的【打印】按键，选择"小象手机支架.gcode"文件，执行【打印】命令，打印机开始对热床和打印喷头加热，待加热到设定温度后，打印机开始打印，直至模型打印完成。

3. 模型拆卸及后处理

模型打印完成后，需要把模型从打印机上拆卸下来，通常可用铲子慢慢撬下模型。从工作台上取下的小象手机支架模型如图 3-67 所示。若模型与工作台黏接很牢固，则可将工作台从打印机上取下，然后慢慢用力将模型铲下。

注意：在铲除模型时，一定要戴好劳保手套，防止将手铲伤。

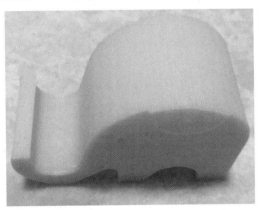

图 3-67　从工作台上取下的小象手机支架模型

任务四　玩具飞机的设计与打印

学习目标

1. 进一步熟悉 UG NX 建模的基本操作。

2. 掌握扫略命令和布尔运算的使用方法。

3. 掌握曲面和实体混合建模的方法。

一、任务要求

玩具飞机是很多年轻人和孩子喜欢的玩具，本任务要求利用 UG NX 10.0 软件完成如图 3-68 所示的玩具飞机的设计与打印。

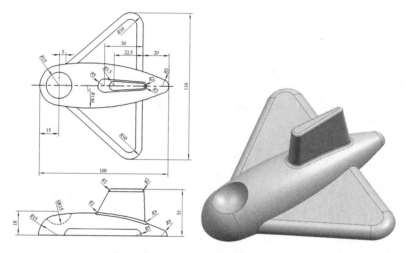

图 3-68　玩具飞机模型

二、建模过程

1. 飞机机身建模

（1）执行【菜单】/【插入】/【在任务环境中绘制草图】命令，在工作区中选择 XY 平面作为草绘平面，绘制结果如图 3-69 所示。

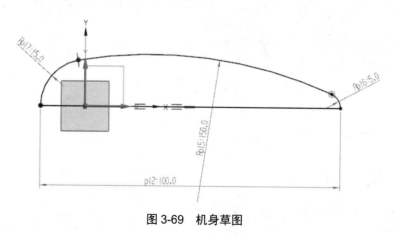

图 3-69　机身草图

（2）执行【菜单】/【插入】/【设计特征】/【旋转】命令或单击图标 。在工作区中选择步骤（1）绘制的曲线，选择轴矢量为 X 轴，设置旋转角度为180°，如图 3-70 所示。

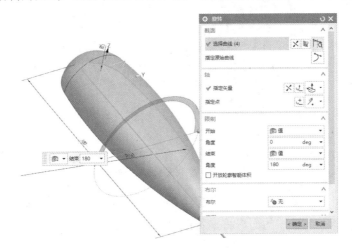

图 3-70 创建完成的旋转体

2．飞机侧翼建模

（1）选中机身，按 Ctrl+B 组合键隐藏机身，执行【菜单】/【插入】/【在任务环境中绘制草图】命令，选择 XY 平面为草绘平面，绘制机翼轮廓曲线，结果如图 3-71 所示。

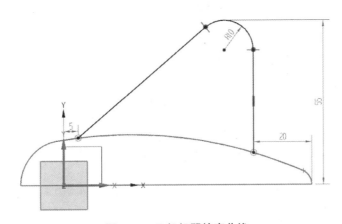

图 3-71 飞机机翼轮廓曲线

（2）在模型树的【旋转特征】处单击鼠标右键，在弹出的快捷菜单中选择【显示】选项，恢复机身显示，执行【菜单】/【插入】/【设计特征】/【拉伸】命令或单击 图标，将选择过滤器设置为【在相交处停止】 ；在工作区中选择如图 3-71 所示的曲线及与之相交的机身曲线，并设置拉伸距离为 5mm；在【布尔】下拉列表中选择【无】选项，结果如图 3-72 所示。

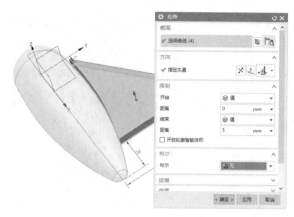

图 3-72　创建完成的侧翼拉伸体

（3）观察到机身和侧翼之间存在缝隙，执行【菜单】/【插入】/【偏置/缩放】/【偏置面】命令，选择存在缝隙的面，将偏置值设置为 2mm，如图 3-73 所示。

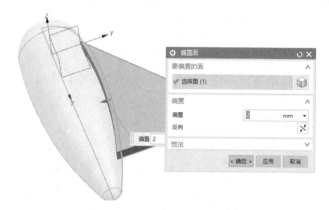

图 3-73　偏置侧翼侧面

（4）执行【菜单】/【插入】/【关联复制】/【镜像几何体】命令，选择侧翼作为要镜像的特征，镜像平面为 XZ 平面，单击【确定】按钮，如图 3-74 所示。

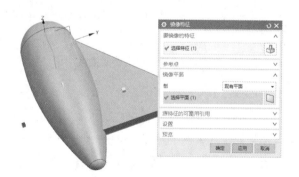

图 3-74　镜像复制侧翼

（5）单击【布尔并】按钮 ，选择机身和两个侧翼，然后单击【确定】按钮，如图 3-75 所示。

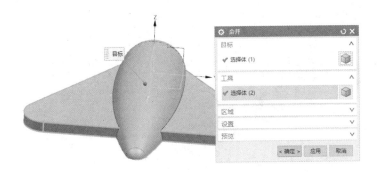

图 3-75 机身与侧翼的布尔运算

（6）单击【边倒圆】按钮◎，选择侧翼的上棱边，在【半径 1】数值框中输入 5，如图 3-76 所示。

图 3-76 侧翼上棱边的倒圆

3. 飞机尾翼建模

（1）选中机身和侧翼，按 Ctrl+B 组合键隐藏机身和侧翼，执行【菜单】/【插入】/【在任务环境中绘制草图】命令，选择 XY 平面为草绘平面，绘制尾翼草图，结果如图 3-77 所示。

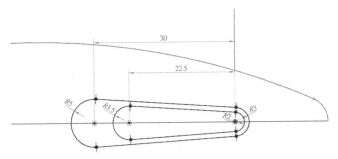

图 3-77 尾翼草图

（2）显示隐藏的机身和侧翼。执行【菜单】/【插入】/【关联复制】/【阵列几何特征】命令，选择草图中的内环，在【布局】下拉列表中选择【线性】选项，【方向 1】的矢量选择为 Z 轴，其他参数如图 3-78 所示。

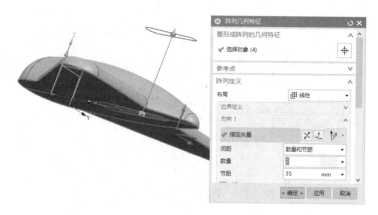

图 3-78　复制曲线

（3）执行【菜单】/【插入】/【派生曲线】/【投影】命令，选择草图外环，在【选择对象】处选择机身上表面；在【方向】下拉列表中选择【沿矢量】选项，在【指定矢量】处选择 Z 轴，如图 3-79 所示。

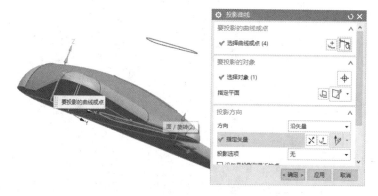

图 3-79　投影曲线

（4）再次利用 Ctrl+B 组合键隐藏机身，单击【创建直纹面】按钮，选择投影曲线，单击鼠标中键确定，然后选择复制曲线，单击【确定】按钮，如图 3-80 所示。

注意：在选择投影曲线和复制曲线时，单击两条曲线的相对位置要大体一致。

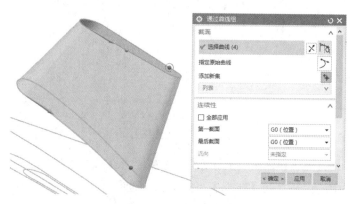

图 3-80　创建直纹面

（5）执行【菜单】/【插入】/【修剪】/【修剪与延伸】命令，在弹出的对话框的【修剪和延伸类型】选区的下拉列表中选择【直至选定】选项；在【选择面或边】处选择直纹面与机身相交的边；在【选择对象】处选择 XY 平面，如图 3-81 所示。

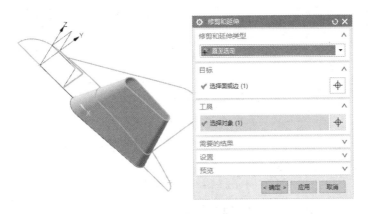

图 3-81　延伸直纹面

（6）执行【菜单】/【插入】/【曲面】/【有界平面】命令，选择延伸后的直纹面上部的孔洞，构建有界平面，如图 3-82 所示。执行同样的操作，构建延伸后直纹面底部的有界平面。

图 3-82　构建有界平面

（7）执行【菜单】/【插入】/【组合】/【缝合】命令，选择刚刚创建的三个曲面，单击【确定】按钮，如图 3-83 所示。

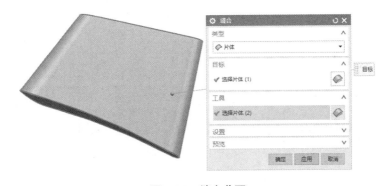

图 3-83　缝合曲面

（8）显示机身。单击【布尔并】按钮❏，选择机身和尾翼，单击【确定】按钮，如图 3-84 所示。

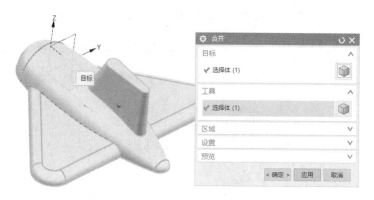

图 3-84　布尔并操作

（9）单击❏图标，在弹出的对话框的【曲线】和【草图】项上单击 "–"，隐藏曲线和草图。单击【边倒圆】按钮❏，选择尾翼上拐角处的边，对尾翼进行倒圆角操作，倒角半径为 3mm，单击【应用】按钮；选择尾翼顶部的边，倒角半径为 1.5mm，单击【确定】按钮，结果如图 3-85 所示。

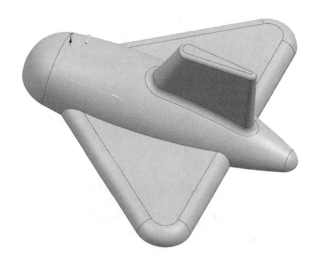

图 3-85　设计完成的玩具飞机模型

三、玩具飞机的打印

1．数据处理

（1）运行 Repetier-Host 3D 打印数据处理软件，如图 3-86 所示。

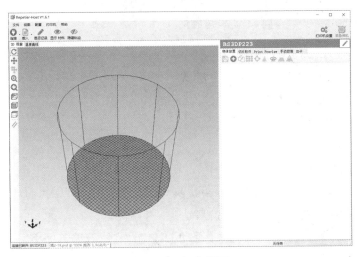

图 3-86 运行界面

（2）单击【载入】按钮 📄，在弹出的对话框中找到"玩具飞机.stl"文件，单击【打开】按钮，玩具飞机的 STL 模型会被导入成型空间，如图 3-87 所示。

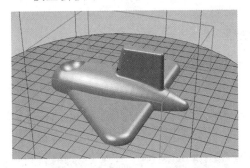

图 3-87 导入玩具飞机模型

（3）设置分层参数。单击右侧【切片软件】选项卡下的【开始切片 CuraEngine】按钮，开始切片分层。分层参数和分层后的模型如图 3-88 所示。为确保修改的参数生效，一定要先单击【保存】按钮，再开始分层操作。

图 3-88 分层参数和分层后的模型

（4）将 SD 卡插入计算机，或者将 SD 卡插入读卡器中，并将读卡器插入计算机的 USB 口中，单击【Print Preview】选项卡下的【Save to File】按钮，在弹出的对话框中选择保存路径为读卡器根目录，文件名为"玩具飞机.gcode"。

2．模型打印

（1）打印准备。

在打印模型之前，要确保完成以下准备工作。

①材料已经安装好。

②喷头能够顺利出丝。

③喷头零点正确。

④工作台清理干净且已经调平。

（2）将存储玩具飞机切片分层的 gcode 文件的 SD 卡插入打印机的 SD 卡插槽中，打开打印机底部左侧面的红色电源开关，启动 3D 打印机。

（3）触击控制面板上的【工具】/【手动】按键，在打开的界面中触击【回零】按键，使各运动轴归零。

（4）触击控制面板上的【打印】按键，选择"玩具飞机.gcode"文件，执行【打印】命令，打印机开始对热床和打印喷头加热，待加热到设定温度后，打印机开始打印，直至模型打印完成。

3．模型拆卸及后处理

模型打印完成后，需要把模型从打印机上拆卸下来，通常可用铲子慢慢撬下模型。从工作台上取下的玩具飞机模型如图 3-89 所示。若模型与工作台黏接很牢固，则可将工作台从打印机上取下，然后慢慢用力将模型铲下。

注意：在铲除模型时，一定要戴好劳保手套，防止将手铲伤。

图 3-89　从工作台上取下的玩具飞机模型

项目四

创意零件的设计与打印

任务一　浮雕照片的设计与打印

学习目标

1. 进一步熟悉 UG NX 建模的基本操作。

2. 掌握浮雕建模的方法。

3. 熟悉 3D 打印中 Brim 的作用及使用方法。

一、任务要求

利用 3D 打印软件的浮雕功能，可以把照片（图片）转化为三维浮雕，通过 3D 打印机打印出来具有非常好的展示效果，尤其在背景灯光的衬托下，更是别用一番韵味。读者可以用自己的照片或网上下载的照片制作浮雕照片，并根据照片形状设计照片支架。本任务采用的是八骏图，如图 4-1 所示。

图 4-1　八骏图浮雕

二、建模过程

1．浮雕建模

1）软件下载

本实例选择浙江闪铸三维科技有限公司（以下简称"闪铸三维"）的 FlashPrint 软件，读者可以到闪铸三维的官网下载免费版本，并在计算机上安装。当然，读者也可以下载安装其他具有浮雕功能的软件。

2）准备浮雕图片

（1）选择想要制作的照片或图片，可以选择手机或相机拍照后得到的图片，也可以从互联网上下载喜欢的图片。

（2）用图像处理软（如 PhotoShop）对图片进行必要的处理，保留想要的部分，或者直接使用原始图片，图片的格式一般为 bmp、png 或 jpg。本实例的八骏图的图片格式为 png。

3）浮雕制造

（1）运行 FlashPrint 软件，打开后的界面如图 4-2 所示。

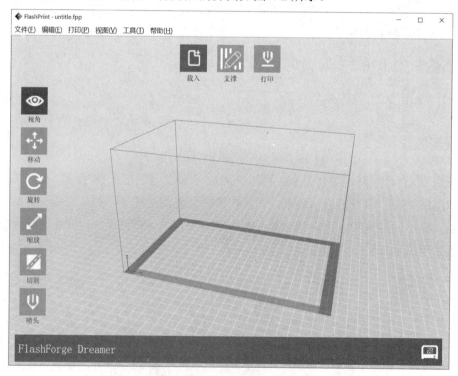

图 4-2　FlashPrint 软件运行界面

（2）选择【文件】/【载入文件】选项或单击按钮▣，在弹出的对话框中选择"八骏图.png"图片，如图 4-3 所示。单击【打开】按钮，退出对话框。

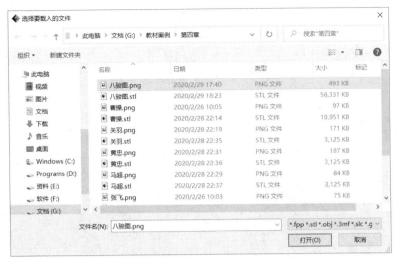

图4-3　打开图片

（3）在【转换图片为stl】对话框中，在【形状】下拉列表中选择【平面】选项；在【模式】下拉列表中选择【浅色部分更厚】选项，此时生成的浮雕是内凹的，若选择【深色部分更厚】选项，那么生成的浮雕是凸出的；在【基底厚度】数值框中输入2.25mm；在【最大厚度】数值框中输入3.00mm，此参数决定了浮雕的最大厚度；在【宽度】数值框中输入150.00mm，此参数决定了浮雕的最大宽度；浮雕的深度会根据图片本身的长宽比自动算出。单击【确定】按钮，生成的浮雕模型如图4-4所示。

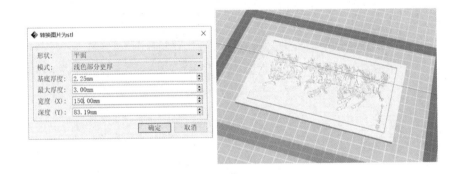

图4-4　生成的浮雕模型

4）导出STL文件

依次单击【文件】/【另存为】按钮，在弹出的对话框中选择STL文件的存储路径，在【保存类型】下拉列表中选择【*.stl*.obj*.3mf】选项，指定保存的文件名为"八骏图.stl"，如图4-5所示。

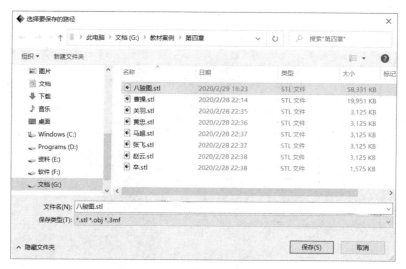

图 4-5　导出 STL 文件

2. 底座建模

（1）打开 UG NX 10.0 软件，选择【菜单】/【文件】/【新建】选项或单击 按钮，弹出【新建】对话框，在此指定文件的名称和保存路径，如图 4-6 所示。单击【确定】按钮，进入 UG 建模模块。

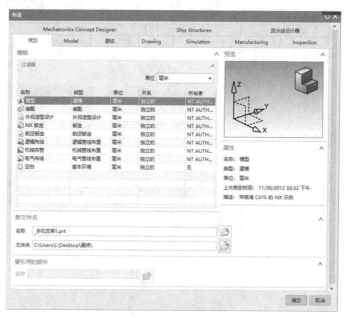

图 4-6　【新建】对话框

（2）选择【菜单】/【插入】/【草图】选项或单击 按钮，弹出【创建草图】对话框，在【平面方法】下拉列表中选择相应选项，确定以 XY 平面作为草绘平面，如图 4-7 所示。单击【确定】按钮，退出【创建草图】对话框，进入草绘模块。

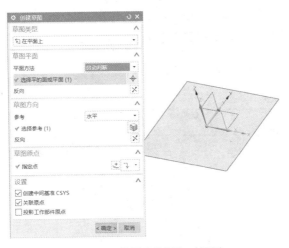

图 4-7　【创建草图】对话框

（3）单击轮廓草绘工具⌒，绘制出如图 4-8 所示的草图。双击草图上的最大竖直尺寸，将其值改为 70，修改完成的尺寸如图 4-8 所示。所有尺寸修改完成后单击【关闭】按钮，退出对话框。单击圆完成草图图标，完成草图的绘制，返回建模界面。

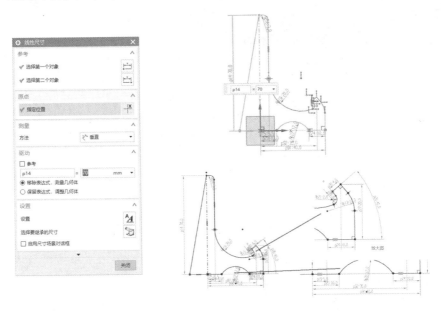

图 4-8　修改草图尺寸

（4）选择【菜单】/【插入】/【设计特征】/【拉伸】选项或单击【拉伸】按钮⬚，弹出【拉伸】对话框，确认选择过滤器为【相连曲线】【区域边界曲线】【相切曲线】中的一项；在【截面】选区的【选择曲线】处选择刚刚创建的草图；在【限制】选区的【结束】下拉列表中选择【对称值】选项，在【距离】数值框中输入 1.5，单击【确定】按钮，如图 4-9 所示。

图 4-9　底座一部分的拉伸

（5）选择【菜单】/【插入】/【关联复制】/【阵列特征】选项或单击【阵列特征】按钮，弹出【阵列特征】对话框，在【要形成阵列的特征】选区的【选择特征】处选择拉伸实体；在【阵列定义】选区的【布局】下拉列表中选择【圆形】选项，在【指定矢量】处选择 Z 轴，在【指定点】处选择基准坐标系原点，在【间距】下拉列表中选择【数量和节距】选项，并将数量设置为 2，将节距角设置为 90deg，单击【确定】按钮，如图 4-10 所示。

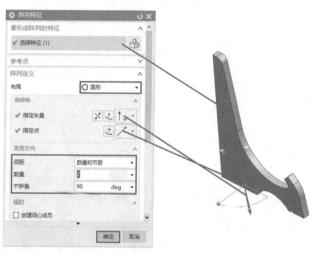

图 4-10　阵列底座

（6）选择【菜单】/【插入】/【设计特征】/【圆柱体】选项或单击【圆柱体】按钮，弹出【圆柱】对话框，在【类型】选区的下拉列表中选择【轴、直径和高度】选项；在【轴】选区的【指定矢量】处选择 Z 轴，在【指定点】处选择基准坐标系原点；在【尺寸】选区的【直径】数值框中输入 5，在【高度】数值框中输入 70；在【布尔】选区的【布尔】下拉列表中选择【求和】选项，在【选择体】处选择刚刚阵列的实体，单击【确定】按钮，如图 4-11 所示。

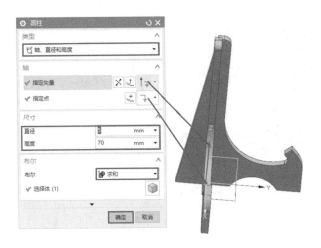

图 4-11 圆柱体的创建

（7）选择【菜单】/【插入】/【组合】/【合并】选项或单击【合并】按钮 ，弹出【合并】对话框，在【目标】选区的【选择体】处选择第一次拉伸的实体；在【工具】选区的【选择体】处选择圆柱体，单击【确定】按钮，如图 4-12 所示。

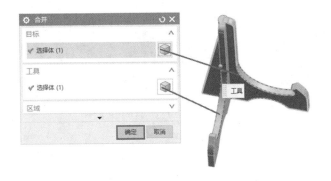

图 4-12 底座的整体合并

（8）依次单击【文件】/【导出】/【STL】按钮，在弹出的对话框中，将三角公差设置为 0.0200，单击【确定】按钮；在弹出的对话框中指定要导出的 STL 文件的名称（支架.stl）；接着在弹出的对话框中直接单击【确定】按钮；在【类选择】对话框中选择要导出的实体，本实例选择底座实体；在随后的两个对话框中均直接单击【确定】按钮，完成 STL 文件的导出。

三、打印过程

1. 浮雕照片的打印

（1）运行 Repetier-Host 3D 打印数据处理软件，如图 4-13 所示。

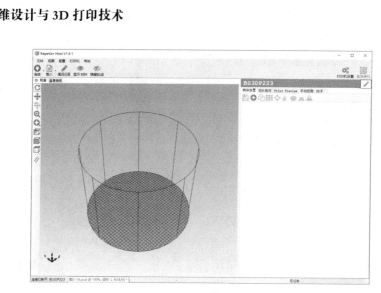

图 4-13　运行界面

（2）单击【载入】按钮▣，在弹出的对话框中找到"八骏图.stl"文件，单击【确定】
按钮，八骏图的 STL 模型会被导入成型空间，如图 4-14 所示。

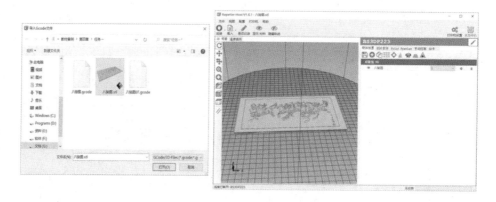

图 4-14　导入八骏图模型

（3）成型方向的确定。为了呈现更好的打印效果，浮雕模型最好竖直打印，单击🔗
按钮，旋转模型，在对话框中的【X】数值框中输入 90，旋转后的模型如图 4-15 所示。

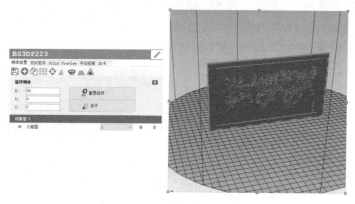

图 4-15　改变成型方向

（4）单击【物体放置】选项卡中的【物体对中】按钮 ✛，使八骏图模型自动放置在工作台中心。

（5）由于采用的是竖直打印的方式，零件与工作台的结合面积较小，在打印过程中，零件与工作台容易脱离，因此，在【结合类型】下拉列表中选择【Brim】选项，如图 4-16 所示。

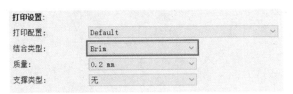

图 4-16　增加打印裙边

（6）单击【配置】按钮，在弹出的对话框中选择【材料】选项卡，更改热床温度为60℃，然后依次单击【保存】/【关闭】按钮，如图 4-17 所示。

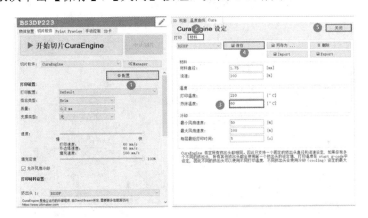

图 4-17　更改打印参数

（7）单击【开始切片 CuraEngine】按钮，开始切片。切片完成的打印轨迹预览如图 4-18 所示。

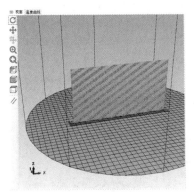

图 4-18　切片完成的打印轨迹预览

（8）在【Print Preview】选项卡中，单击【Save to File】按钮，在弹出的对话框中选择存储路径，设定文件名为"八骏图.gcode"，单击【确定】按钮退出。

（9）将打印机中的 SD 卡取出，插入读卡器中，并将读卡器插入计算机的 USB 口中，复制文件"八骏图.gcode"到 SD 卡中。

（10）打印准备。在打印模型之前，要确保完成以下准备工作。

①材料已经安装好。

②喷头能够顺利出丝。

③喷头零点正确。

④工作台清理干净且已经调平。

（11）将存储"八骏图.gcode"的 SD 卡插入打印机的 SD 卡插槽中，启动打印机。

（12）触击控制面板上的【工具】/【手动】按键，在打开的界面中触击【回零】按键，使各运动轴归零。

（13）触击控制面板上的【打印】按键，选择要打印的文件，执行【打印】命令，打印机开始对热床和打印喷头加热，待加热到设定温度后，打印机开始打印。

（14）模型打印完成后，用铲子慢慢撬下模型，然后用偏口钳剪掉打印产生的裙边，并用锉刀将剩余裙边打磨光滑，如图 4-19 所示。

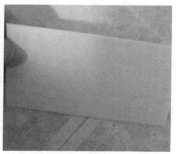

图 4-19　打印完成的八骏图浮雕

2．照片底座的打印

（1）运行 Repetier-Host 3D 打印数据处理软件，单击【增加物体】按钮，在弹出的对话框中找到"照片底座-整体.stl"文件，单击【确定】按钮，照片底座 STL 模型会被导入成型空间，如图 4-20 所示。

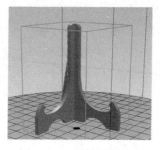

图 4-20　照片底座模型

（2）选择右侧标签页中的【切片软件】选项卡，打印参数和分层后的结果如图 4-21 所示。

图 4-21　打印参数和分层后的结果

（3）在【Print Preview】选项卡中，单击【Save to File】按钮，在弹出的对话框中选择存储路径，设定文件名为"照片底座.gcode"，单击【确定】按钮退出。

（4）将打印机中的 SD 卡取出，插入读卡器中，并将读卡器插入计算机的 USB 口中，复制文件（照片底座.gcode）到 SD 卡中。

（5）打印准备。在打印模型之前，要确保完成以下准备工作。

①材料已经安装好。

②喷头能够顺利出丝。

③喷头零点正确。

④工作台清理干净且已经调平。

⑤将存储"照片底座.gcode"的 SD 卡插入打印机的 SD 卡插槽中，启动打印机。

⑥触击控制面板上的【工具】/【手动】按键，在打开的界面中触击【回零】按键，使各运动轴归零。

⑦触击控制面板上的【打印】按键，选择要打印的文件，执行【打印】命令，打印机开始对热床和打印喷头加热，待加热到设定温度，打印机开始打印。

⑧模型打印完成后，用铲子慢慢撬下模型。打印完成的八骏图和照片底座模型如图 4-22 所示。

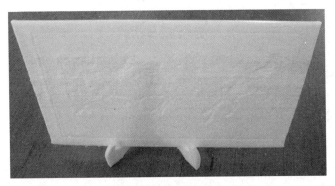

图 4-22　打印完成的八骏图和照片底座模型

任务二　华容道益智玩具的设计与打印

学习目标

1. 进一步熟悉浮雕建模的基本操作。

2. 掌握 3D 打印建模过程中间隙的使用方法。

3. 进一步熟悉 Brim 和支撑在 3D 打印中的使用与操作方法。

一、任务要求

华容道是古老的益智游戏，它以其变化多端、百玩不厌的特点，与魔方、独立钻石棋一起被国外智力专家并称为"智力游戏界的三个不可思议"。本次任务要求利用 FlashPrint 软件，通过浮雕功能完成华容道人物的三维建模，同时利用 UG NX 10.0 软件完成华容道底座的建模，如图 4-23 所示。

 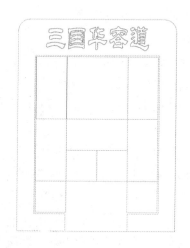

图 4-23　华容道

二、底座的建模

1. 新建模型文件

打开 UG NX 10.0 软件，选择【菜单】/【文件】/【新建】选项或单击 按钮，弹出【新建】对话框，在此指定文件的名称和保存路径，如图 4-24 所示。单击【确定】按钮，进入 UG 建模模块。

2. 创建草图

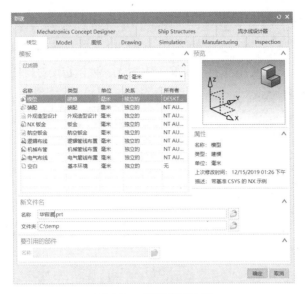

图 4-24 新建模型文件

（1）选择【菜单】/【插入】/【草图】选项或单击 按钮，弹出【创建草图】对话框，在【平面方法】下拉列表中选择相应选项，确定以 XY 平面作为草绘平面，如图 4-25 所示。单击【确定】按钮，退出【创建草图】对话框，进入草绘模块。

（2）单击矩形草绘工具□，在草绘平面上选择坐标原点并单击，然后在第一象限再次单击，绘制出一个矩形，此时系统会在矩形上自动标注出边长尺寸，修改后的草图尺寸如图 4-26 所示。所有尺寸修改完成后，单击【关闭】按钮，退出对话框。

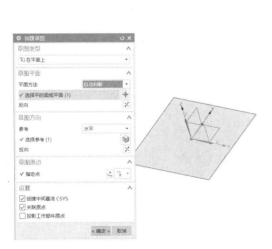

图 4-25 选择草绘平面

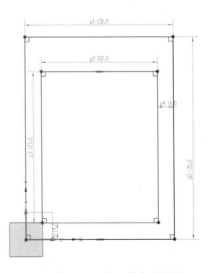

图 4-26 华容道底座草图

3. 创建底座边框

（1）选择【菜单】/【插入】/【设计特征】/【拉伸】选项或单击【拉伸】按钮 ，弹出【拉伸】对话框，确认选择过滤器为【特征曲线】；在【截面】选区的【选择曲线】处选择刚刚创建的草图；在【距离】数值框中输入4，单击【确定】按钮，如图4-27所示。

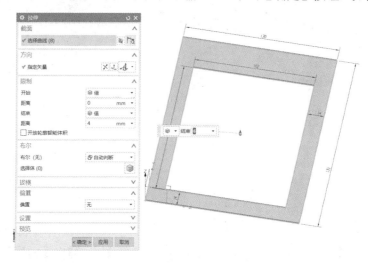

图4-27　底座边框的创建

（2）选择【菜单】/【插入】/【设计特征】/【拉伸】选项或单击【拉伸】按钮 ，弹出【拉伸】对话框，确认选择过滤器为【相连曲线】；在【截面】选区的【选择曲线】处选择刚刚创建的草图的四条边；在【距离】数值框中输入3；方向与上一步拉伸方向相反；在【布尔】下拉列表中选择【求和】选项，单击【确定】按钮，如图4-28所示。

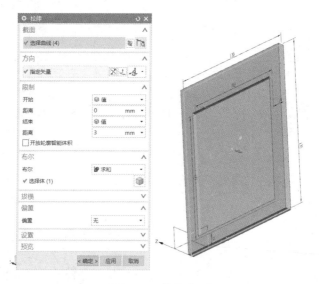

图4-28　拉伸底面

（3）选择【菜单】/【插入】/【草图】选项或单击 按钮，弹出【创建草图】对话框，在【平面方法】下拉列表中选择相应选项，确定以上一步拉伸实体的上表面为草绘平面。单击【确定】按钮，进入草绘模块。

（4）单击矩形草绘工具▫，绘制出一个矩形，此时系统会在矩形上自动标注出边长尺寸，双击尺寸进行编辑，修改后的具体尺寸如图4-29所示。

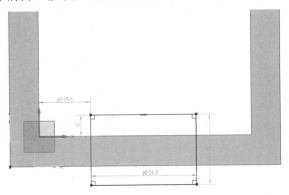

图4-29　矩形草图

（5）选择【菜单】/【插入】/【设计特征】/【拉伸】选项或单击【拉伸】按钮▥，弹出【拉伸】对话框，确认选择过滤器为【特征曲线】；在【截面】选区的【选择曲线】处选择刚刚创建的草图中的矩形；在【距离】数值框中输入4；在【布尔】下拉列表中选择【求差】选项，单击【确定】按钮，如图4-30所示。

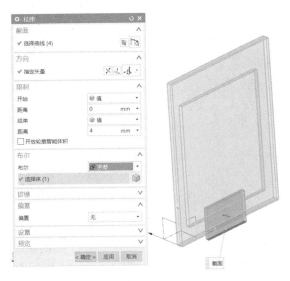

图4-30　出口拉伸图

4．文本的创建

（1）选择【菜单】/【插入】/【曲线】/【文本】选项或单击按钮A，在【类型】选区的下拉列表中选择【面上】选项；在【选择面】处选择要创建文本的面；在【放置方法】下拉列表中选择【面上的曲线】选项；在【文本属性】选区的文本框中输入"三国华容道"，文本样式可自行决定，如图 4-31 所示，单击【确定】按钮，文本创建完成。

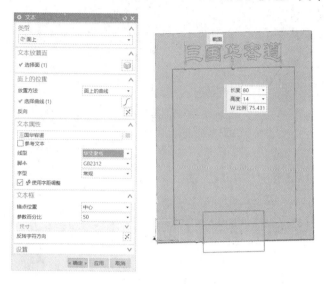

图 4-31　文本的创建

（2）选择【菜单】/【插入】/【设计特征】/【拉伸】选项或单击【拉伸】按钮，弹出【拉伸】对话框，确认选择过滤器为【区域边界曲线】；在【截面】选区的【选择曲线】处选择刚刚创建的文本；在【距离】数值框中输入 0.5，在【布尔（求和）】下拉列表中选择【自动判断】选项，单击【确定】按钮，如图 4-32 所示。

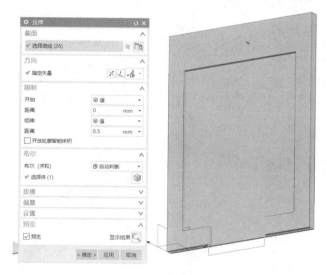

图 4-32　文本拉伸图

5. 边倒圆的创建

选择【菜单】/【插入】/【细节特征】/【边倒圆】选项或单击按钮，在【要倒圆的边】选区中选择如图 4-33 所示的两条直线；在【形状】下拉列表中选择【圆形】选项；在【半径 1】数值框中输入 10，单击【确定】按钮，边倒圆完成。

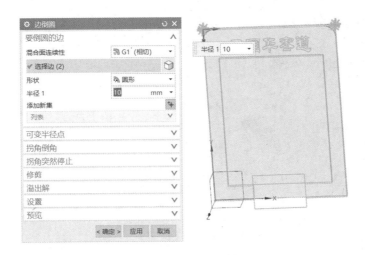

图 4-33　边倒圆

6．更改模型显示

在【视图】选项卡中单击【显示/隐藏工具】按钮 💀 ，在【显示和隐藏】对话框中，单击"全部"栏中的"−"和"实体"栏中的"+"，视图中仅显示建模后的实体，如图 4-34 所示。

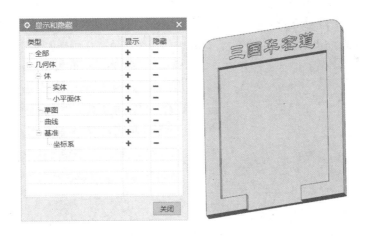

图 4-34　隐藏草图

7．导出 STL 文件

依次单击【文件】/【导出】/【STL】按钮，在弹出的对话框中，将三角公差设置为 0.0200，单击【确定】按钮；在弹出的对话框中指定要导出的 STL 文件的名称和保存路径；接着在弹出的对话框中直接单击【确定】按钮；在【类选择】对话框中选择要导出的实体；在随后的两个对话框中均直接单击【确定】按钮，完成 STL 文件的导出工作。

三、浮雕模型的生成

（1）运行 FlashPrint 软件，如图 4-35 所示。

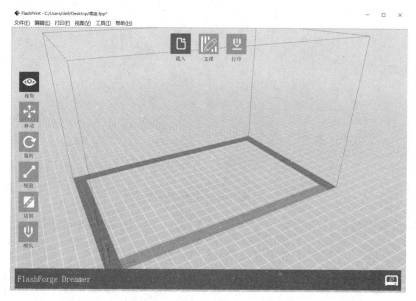

图 4-35　FlasPrint 软件运行界面

（2）单击【载入】按钮，在弹出的对话框中找到提前下载的"曹操.png"文件，在弹出的【转换图片为 stl】对话框中输入图 4-36 中的参数，单击【确定】按钮。通过【文件】菜单保存项目。其余浮雕模型按照相同方法依次生成并保存，结果如图 4-37～图 4-42 所示。

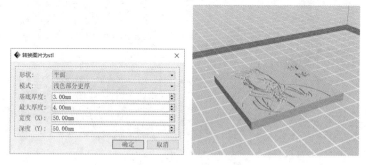

图 4-36　曹操浮雕模型

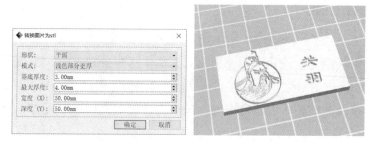

图 4-37　关羽浮雕模型

图 4-38 黄忠浮雕模型

图 4-39 赵云浮雕模型

图 4-40 马超浮雕模型

图 4-41 张飞浮雕模型

图 4-42 卒浮雕模型

四、华容道益智棋的打印

1. 华容道益智棋人物的打印

（1）运行 Repetier-Host 3D 打印数据处理软件，如图 4-43 所示。

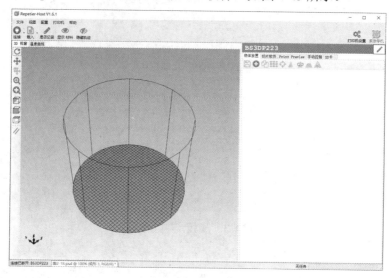

图 4-43　软件运行界面

（2）单击【增加物体】按钮 ，在弹出的对话框中找到"曹操.stl""关羽.stl""赵云.stl""黄忠.stl""马超.stl""张飞.stl""卒.stl"文件，选中后，单击【确定】按钮，华容道人物 STL 模型会被导入成型空间，如图 4-44 所示。

图 4-44　导入华容道人物模型

（3）成型方向的确定。为了呈现更好的打印效果，浮雕模型最好竖直打印，单击 按钮，旋转模型，在对话框的【Y】数值框中输入 90，结果如图 4-45 所示。

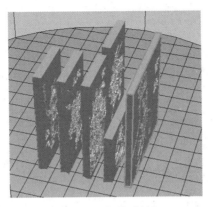

图 4-45 改变成型方向 1

（4）在卒模型被选中的情况下单击【复制】按钮，在【拷贝数量】数值框中输入
3，复制 3 个卒模型，单击【自动布局】按钮，结果如图 4-46 所示。

图 4-46 复制并自动布局后的模型

（5）选择【切片软件】选项卡，由于采用的是竖直打印的方式，零件与工作台的结
合面积较小，在打印过程中，零件与工作台容易脱离，因此，在【结合类型】下拉列表
中选择【Brim】选项。打印参数和分层后的结果如图 4-47 所示。

图 4-47 打印参数和分层后的结果 1

（6）在【Print Preview】选项卡中单击【Save to File】按钮，在弹出的对话框中选择
存储路径，设定文件名为"华容道.gcode"，单击【确定】按钮退出。

（7）将打印机中的 SD 卡取出并插入读卡器中，将读卡器插入计算机的 USB 口中，
复制文件"华容道.gcode"到 SD 卡中。

（8）打印准备。在打印模型之前，要确保完成以下准备工作。

①材料已经安装好。

②喷头能够顺利出丝。

③喷头零点正确。

④工作台清理干净且已经调平。

（9）将存储"华容道.gcode"的 SD 卡插入打印机的 SD 卡插槽中，启动打印机。

（10）触击控制面板上的【工具】/【手动】按键，在打开的界面中触击【回零】按键，使各运动轴归零。

（11）触击控制面板上的【打印】按键，选择要打印的文件，执行【打印】命令，打印机开始对热床和打印喷头加热，待加热到设定温度后，打印机开始打印。

（12）模型打印完成后，用铲子慢慢撬下模型，然后用偏口钳剪掉打印产生的裙边，并用锉刀将剩余裙边打磨光滑。

2．华容道益智棋底座的打印

（1）运行 Repetier-Host 3D 打印数据处理软件，单击【增加物体】按钮 ，在弹出的对话框中找到"华容道底座.stl"文件，单击【确定】按钮，华容道底座 STL 模型会被导入成型空间，如图 4-48 所示。

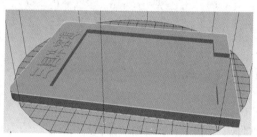

图 4-48 导入华容道底座模型

（2）成型方向的确定。由于底座尺寸较大，当按如图 4-48 所示的位置摆放时会明显超出打印范围，故单击 按钮，旋转模型，在弹出的对话框的【X】数值框中输入-90，如图 4-49 所示。

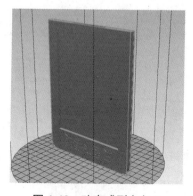

图 4-49 改变成型方向 2

（3）选择【切片软件】选项卡，由于采用的是竖直打印的方式，零件与工作台的结合面积较小，在打印过程中，零件与工作台容易脱离，因此，在【结合类型】下拉列表中选择【Brim】选项。打印参数和分层后的结果如图 4-50 所示。

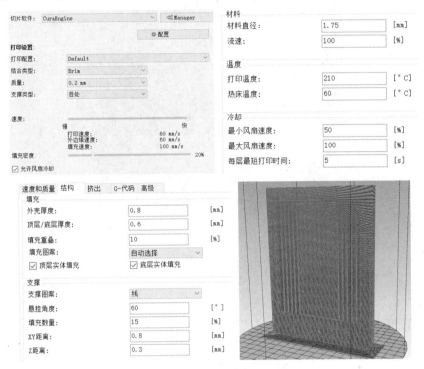

图 4-50　打印参数和分层后的结果 2

（4）在【Print Preview】选项卡中单击【Save to File】按钮，在弹出的对话框中选择存储路径，设定文件名为"华容道底座.gcode"，单击【确定】按钮退出。

（5）将打印机中的 SD 卡取出并插入读卡器中，将读卡器插入计算机的 USB 口中，复制文件"华容道底座.gcode"到 SD 卡中。

（6）打印准备。在打印模型之前，要确保完成以下准备工作。

①材料已经安装好。

②喷头能够顺利出丝。

③喷头零点正确。

④工作台清理干净且已经调平。

（7）将存储"华容道底座.gcode"的 SD 卡插入打印机的 SD 卡插槽中，启动打印机。

（8）触击控制面板上的【工具】/【手动】按键，在打开的界面中触击【回零】按键，使各运动轴归零。

（9）触击控制面板上的【打印】按键，选择要打印的文件，执行【打印】命令，打印机开始对热床和打印喷头加热，待加热到设定温度后，打印机开始打印。

（10）模型打印完成后，用铲子慢慢撬下模型，然后用偏口钳剪掉打印产生的裙边，并用锉刀将剩余裙边打磨光滑。完成的三国华容道益智棋如图 4-51 所示，图中的人物分三次用不同颜色的材料打印而成。

图 4-51　完成的三国华容道益智棋

任务三　个性笔筒的设计与打印

学习目标

1. 进一步熟悉浮雕建模的方法。

2. 掌握利用外部模型进行混合建模的方法。

3. 进一步熟悉 3D 打印机的使用方法。

一、任务要求

笔筒是一种较常见的置笔用具，一般呈圆筒状，材质多样，可见竹、木、瓷、漆、玉、象牙、紫砂等，是办公人士书案上的常设之物。本任务要求通过浮雕设计工具设计一款个性笔筒，如图 4-52 所示。读者可选择自己的照片或其他有意义的照片作为浮雕中的图案。

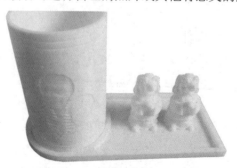

图 4-52　个性笔筒

二、个性笔筒建模

1. 浮雕笔筒的建模

（1）运行 FlashPrint 软件，如图 4-53 所示。

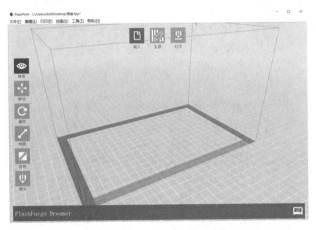

图 4-53　FlashPrint 软件运行界面

（2）单击【载入】按钮，在弹出的对话框中找到提前下载的"三小只.png"文件，在弹出的【转换图片为 stl】对话框中输入图 4-54 中的参数，单击【确定】按钮。

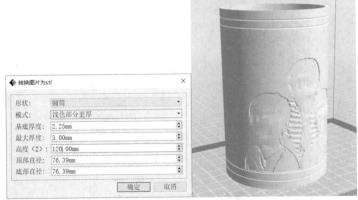

图 4-54　浮雕笔筒的制作

（3）通过【文件】菜单保存项目，将浮雕笔筒模型保存为"笔筒.stl"。

2．笔筒底座的建模

（1）打开 UG NX 10.0 软件，选择【菜单】/【文件】/【新建】选项或单击▢按钮，弹出【新建】对话框，在此指定文件的名称和保存路径，如图 4-55 所示。单击【确定】按钮，进入 UG 建模模块。

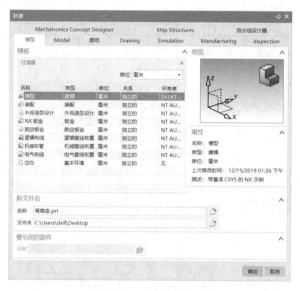

图 4-55　新建模型文件

（2）选择【菜单】/【插入】/【草图】选项或单击▩按钮，弹出【创建草图】对话框，在【平面方法】下拉列表中选择相应选项，确定以 XY 面作为草绘平面，如图 4-56 所示。单击【确定】按钮，退出【创建草图】对话框，进入草绘模块。

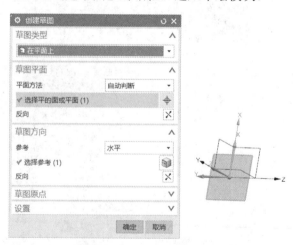

图 4-56　选择草绘平面 1

（3）单击圆形草绘工具○，在草绘平面上选择坐标原点，直径为 90mm，单击直线草绘工具╱，画出两条直线，双击草图尺寸，对草图尺寸进行修改，结果如图 4-57 所示。单击▩完成草图图标，完成草图的绘制，返回建模界面。

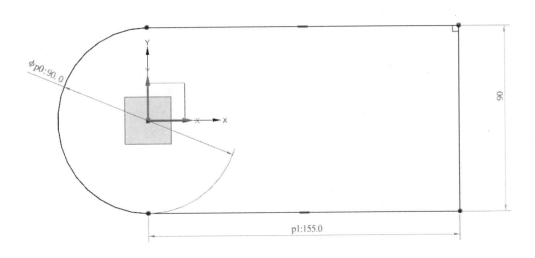

图 4-57　修改后的草图尺寸

（4）选择【菜单】/【插入】/【设计特征】/【拉伸】选项或单击【拉伸】按钮，弹出【拉伸】对话框，确认选择过滤器为【相连曲线】；在【截面】选区的【选择曲线】处选择刚刚创建的草图；在【限制】选区的【距离】数值框中输入 8，单击【确定】按钮，如图 4-58 所示。

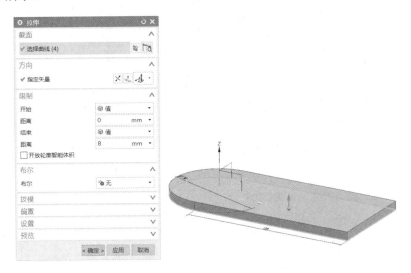

图 4-58　拉伸图 1

（5）选择【菜单】/【插入】/【草图】选项或单击 按钮，弹出【创建草图】对话框，在【平面方法】下拉列表中选择相应选项，确定以 XY 平面作为草绘平面，如图 4-59 所示，单击【确定】按钮退出【创建草图】对话框，继续进入草绘模块。

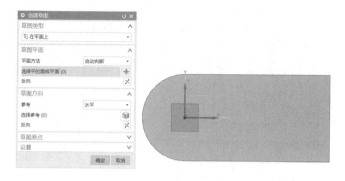

图 4-59　选择草绘平面 2

（6）单击圆形草绘工具○，在草绘平面上选择坐标原点，直径为 80mm；单击【偏置】按钮，选中矩形，将偏置距离设为 5mm；单击【倒圆角】按钮，输入的半径值为 6mm，如图 4-60 所示。单击 完成草图图标，完成草图的绘制，返回建模界面。

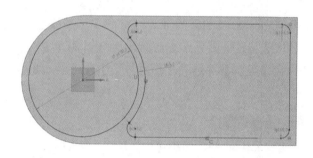

图 4-60　绘制草图

（7）选择【菜单】/【插入】/【设计特征】/【拉伸】选项或单击【拉伸】按钮，弹出【拉伸】对话框，确认选择过滤器为【区域边界曲线】；在【截面】选区的【选择曲线】处选择圆；在【限制】选区的【距离】数值框中输入 4；在【布尔】下拉列表中选择【求差】选项，单击【确定】按钮，如图 4-61 所示。

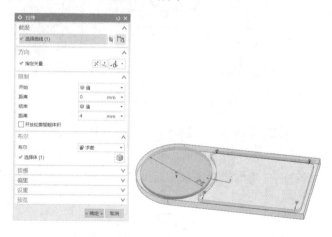

图 4-61　拉伸图 2

（8）选择【菜单】/【插入】/【设计特征】/【拉伸】选项或单击【拉伸】按钮，弹出【拉伸】对话框，确认选择过滤器为【区域边界曲线】；在【截面】选区的【选择曲线】处选择右边部分区域；在【限制】选区的【距离】数值框中输入 4；在【布尔】下拉列表中选择【求差】选项，单击【确定】按钮，如图 4-62 所示。至此，笔筒底座建模完成，如图 4-63 所示。

（9）依次单击【文件】/【导出】/【STL】按钮，在弹出的对话框中，将三角公差设置为 0.0200，单击【确定】按钮；在弹出的对话框中指定要导出的 STL 文件的名称和保存路径；接着在弹出的对话框中直接单击【确定】按钮；在【类选择】对话框中选择要导出的实体；在随后的两个对话框中均直接单击【确定】按钮，完成 STL 文件的导出工作。

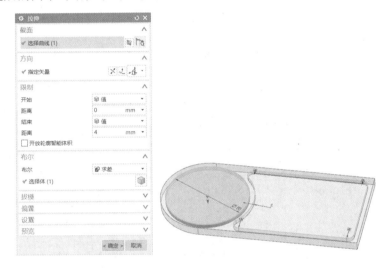

图 4-62　拉伸图 3

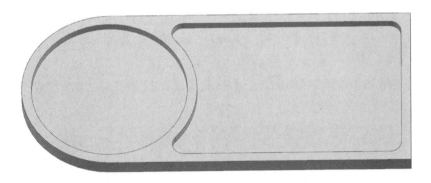

图 4-63　建模完成的笔筒底座

3．小狗模型的添加

（1）运行 Repetier-Host 3D 打印数据处理软件，如图 4-64 所示。

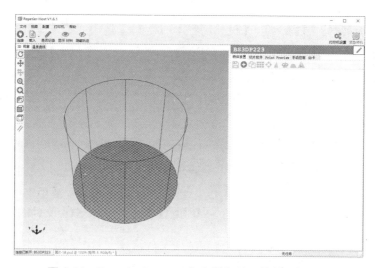

图 4-64　Repetier-Host 3D 打印数据处理软件运行界面

（2）单击【载入】按钮▤，在弹出的对话框中找到"笔筒底座.stl"文件，单击【打开】按钮，笔筒底座的 STL 模型会被导入成型空间，如图 4-65 所示。

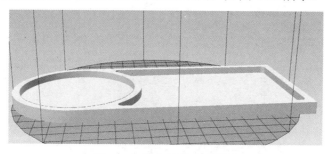

图 4-65　导入笔筒底座模型

（3）单击【增加物体】按钮，在弹出的对话框中找到"狗.stl"文件（这类模型可以从网络上下载），单击【打开】按钮，小狗的 STL 模型会被导入成型空间，如图 4-66 所示。

提示：若在增加"狗.stl"模型时弹出【Printer bed full】警告对话框，则直接单击【确定】按钮即可。

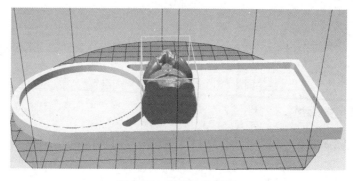

图 4-66　导入小狗模型

（4）选中小狗模型，单击【旋转】按钮，在【X】数值框中输入 90，使小狗模型呈站立状态。单击【物体对中】按钮，再单击【移动物体】按钮，在弹出的对话框的【X】数值框中输入 20，如图 4-67 所示。

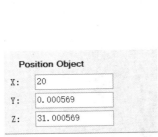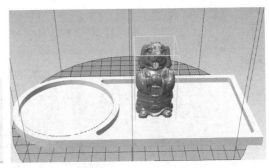

图 4-67　旋转模型

（5）在小狗模型选中的情况下单击【复制】按钮，在【拷贝数量】数值框中输入 1，复制一个小狗模型，如图 4-68 所示。

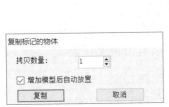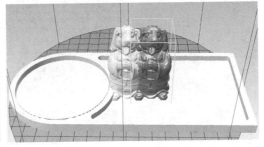

图 4-68　复制小狗模型

（6）选中刚刚复制的小狗模型，单击【物体对中】按钮，再单击【移动物体】按钮，在对话框的【X】数值框中输入 60，如图 4-69 所示。

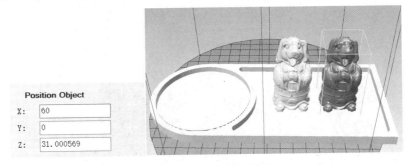

图 4-69　摆放小狗模型

（7）单击【保存 STL 文件】按钮，选择存储位置，存储文件类型为 STL 文件，文件名为"笔筒底座-整体.stl"。

三、个性笔筒的打印

1. 笔筒的打印

（1）运行 Repetier-Host 3D 打印数据处理软件，单击【增加物体】按钮 ，在弹出的对话框中找到"笔筒.stl"，单击【确定】按钮，笔筒 STL 模型会被导入成型空间，如图 4-70 所示。

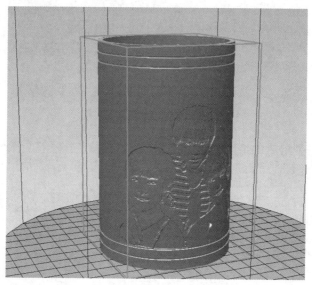

图 4-70　导入笔筒模型

（2）缩放模型。由于笔筒（含笔筒底座）的尺寸较大，故对模型做缩小处理，单击【缩放物体】按钮 ，选择等比例缩放，在对话框的【X】数值框中输入 0.8，如图 4-71 所示。

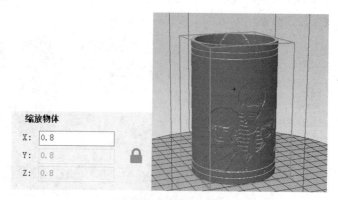

图 4-71　缩小模型

（3）选择【切片软件】选项卡，打印参数和分层后的结果如图 4-72 所示。

图 4-72 打印参数和分层后的结果 1

（4）在【Print Preview】选项卡中单击【Save to File】按钮，在弹出的对话框中选择存储路径，设定文件名为"笔筒.gcode"，单击【确定】按钮退出。

（5）将打印机中的 SD 卡取出并插入读卡器中，将读卡器插入计算机的 USB 口中，复制文件"笔筒.gcode"到 SD 卡中。

（6）打印准备。在打印模型之前，要确保完成以下准备工作。

①材料已经安装好。

②喷头能够顺利出丝。

③喷头零点正确。

④工作台清理干净且已经调平。

（7）将存储"笔筒.gcode"的 SD 卡插入打印机的 SD 卡插槽中，启动打印机。

（8）触击控制面板上的【工具】/【手动】按键，在打开的界面中触击【回零】按键，使各运动轴归零。

（9）触击控制面板上的【打印】按键，选择要打印的文件，执行【打印】命令，打印机开始对热床和打印喷头加热，待加热到设定温度后，打印机开始打印。

（10）模型打印完成后，用铲子慢慢撬下模型。打印完成的笔筒如图 4-73 所示。

图 4-73 打印完成的笔筒

2. 笔筒底座的打印

（1）运行 Repetier-Host 3D 打印数据处理软件，单击【增加物体】按钮◉，在弹出的对话框中找到"笔筒底座-整体.stl"文件，单击【确定】按钮，笔筒底座 STL 模型会被导入成型空间，如图 4-74 所示。

图 4-74　导入笔筒底座模型

（2）缩放模型。由于笔筒底座已超出成型空间范围，故对模型做缩小处理，单击【缩放物体】按钮▲，选择等比例缩放，在对话框的【X】数值框中输入 0.8，如图 4-75 所示。

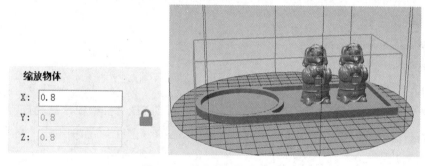

图 4-75　缩小笔筒底座模型

（3）选择【切片软件】选项卡。打印参数和分层后的结果如图 4-76 所示。

图 4-76　打印参数和分层后的结果 2

（4）在【Print Preview】选项卡中单击【Save to File】按钮，在弹出的对话框中选择存储路径，设定文件名为"笔筒底座.gcode"，单击【确定】按钮退出。

（5）将打印机中的 SD 卡取出并插入读卡器中，将读卡器插入计算机的 USB 口中，复制文件"笔筒底座.gcode"到 SD 卡中。

（6）打印准备。在打印模型之前，要确保完成以下准备工作。

①材料已经安装好。

②喷头能够顺利出丝。

③喷头零点正确。

④工作台清理干净且已经调平。

（7）将存储"笔筒底座.gcode"的 SD 卡插入打印机的 SD 卡插槽中，启动打印机。

（8）触击控制面板上的【工具】/【手动】按键，在打开的界面中触击【回零】按键，使各运动轴归零。

（9）触击控制面板上的【打印】按键，选择要打印的文件，执行【打印】命令，打印机开始对热床和打印喷头加热，待加热到设定温度后，打印机开始打印。

（10）模型打印完成后，用铲子慢慢撬下模型。打印完成的笔筒和底座模型如图 4-77 所示。

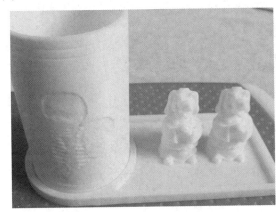

图 4-77　打印完成的笔筒和底座模型

项目五

组合零件的设计与打印

任务一　螺栓、螺母的设计与打印

学习目标

1. 进一步熟悉 UG NX 建模的基本操作。

2. 掌握配合零件的间隙选择。

3. 进一步掌握 3D 打印机的使用方法。

一、任务要求

螺栓、螺母（见图 5-1）是生产生活中处处可见的零件，二者通过螺纹配合，对精度和间隙设置有较高的要求，本任务要求设计能够实现螺纹配合的螺栓、螺母，并完成打印。

图 5-1　螺栓、螺母

二、螺栓、螺母的建模

1. 螺母的创建

（1）打开 UG NX 10.0 软件，选择【菜单】/【文件】/【新建】选项或单击▢按钮，弹出【新建】对话框，在此指定文件的名称和保存路径，如图 5-2 所示。单击【确定】按钮，进入 UG 建模模块。

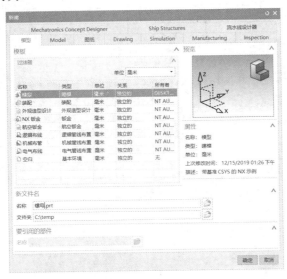

图 5-2　新建模型文件 1

（2）选择【菜单】/【插入】/【草图】选项或单击▨按钮，弹出【创建草图】对话框，在【平面方法】下拉列表中选择相应选项，确定以 XY 平面作为草绘平面，如图 5-3 所示。单击【确定】按钮，退出【创建草图】对话框，进入草绘模块。

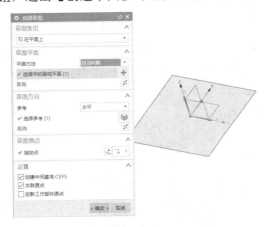

图 5-3　选择草绘平面 1

（3）单击多边形草绘工具⊙，在草绘平面上选择坐标原点，半径为 15mm，角度为 90°，将前面的锁定勾上，这样就绘制出了一个六边形，如图 5-4 所示。单击▨完成草图图标，完成草图的绘制，返回建模界面。

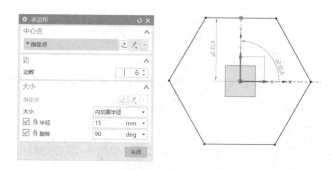

图 5-4　六边形草图

（4）选择【菜单】/【插入】/【设计特征】/【拉伸】选项或单击【拉伸】按钮，弹出【拉伸】对话框，确认选择过滤器为【区域边界曲线】；在【截面】选区的【选择曲线】处选择刚刚创建的草图中的六边形；在【距离】数值框中输入 15，单击【确定】按钮，如图 5-5 所示。

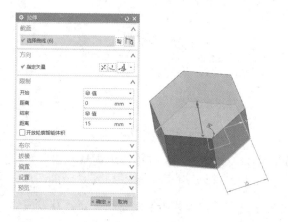

图 5-5　六边形拉伸图

（5）选择【菜单】/【插入】/【草图】选项或单击按钮，弹出【创建草图】对话框，在【平面方法】下拉列表中随便选择六边形所在的平面作为草绘平面，单击圆形草绘工具〇，在草绘平面上选择坐标原点，直径为 17.0mm，如图 5-6 所示。单击 完成草图 图标，完成草图的绘制，返回建模界面。

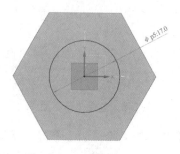

图 5-6　圆形的绘制 1

（6）选择【菜单】/【插入】/【设计特征】/【拉伸】选项或单击【拉伸】按钮 ，弹出【拉伸】对话框，确认选择过滤器为【区域边界曲线】；在【截面】选区的【选择曲线】处选择刚刚创建的草图中的圆形；在【距离】数值框中输入 15；在【布尔】下拉列表中选择【求差】选项，在【选择体】处选择刚才拉伸的六方体，单击【确定】按钮，如图 5-7 所示。

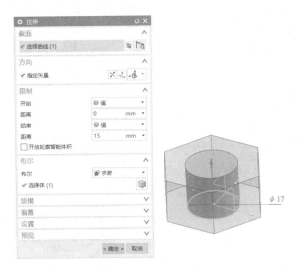

图 5-7　圆形的拉伸 1

（7）选择【菜单】/【插入】/【基准/点】/【基准平面】选项或单击 按钮，弹出【基准平面】对话框，在【类型】选区的下拉列表中选择【按某一距离】选项；在【选择平面对象】处选择六边形所在的平面作为参考平面；在【偏置】选区的【距离】数值框中输入 5，如图 5-8 所示。单击 完成草图图标，完成基准平面的创建。

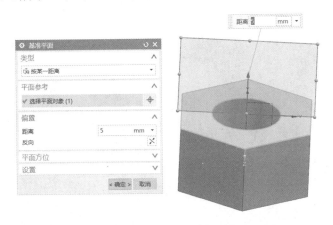

图 5-8　基准平面的创建

（8）选择【菜单】/【插入】/【设计特征】/【螺纹】选项或单击 按钮，选中要创建螺纹的圆柱内表面，弹出【螺纹】对话框，在【螺纹类型】选区中单击【详细】单选按钮；在【选择起始】处选择基准平面（注意螺纹轴的方向），单击【确定】按钮，如

图 5-9 所示，螺纹创建完成。

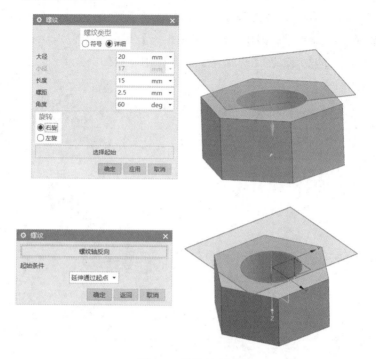

图 5-9 螺纹的创建

（9）选择【菜单】/【插入】/【草图】选项或单击 按钮，弹出【创建草图】对话框，在【平面方法】下拉列表中随便选择六边形所在的平面作为草绘平面，单击圆形草绘工具○，在草绘平面上选择坐标原点，直径为 27mm，如图 5-10 所示。单击 完成草图 图标，完成草图的绘制，返回建模界面。

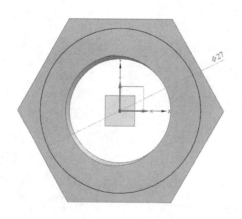

图 5-10 圆形的绘制 2

（10）选择【菜单】/【插入】/【设计特征】/【拉伸】选项或单击【拉伸】按钮，弹出【拉伸】对话框，确认选择过滤器为【区域边界曲线】；在【截面】选区的【选择曲线】处选择刚刚创建的草图中的圆形；在【距离】数值框中输入 12；在【布尔】下拉列

表中选择【求交】选项；在【拔模】下拉列表中选择【从起始限制】选项，在【角度】
数值框中输入-60，单击【确定】按钮，如图5-11所示。

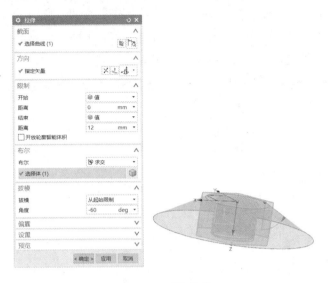

图5-11　圆形的拉伸2

（11）再拉伸另一面，重复步骤（7）和步骤（8），即可完成螺母的创建，结果如
图5-12所示。

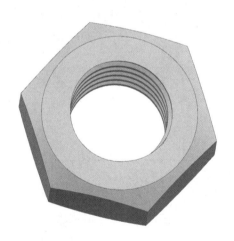

图5-12　螺母创建完成

（12）依次单击【文件】/【导出】/【STL】按钮，在弹出的对话框中，将三角公差设
置为0.0200，单击【确定】按钮；在弹出的对话框中指定要导出的STL文件的名称为"螺
母.stl"；接着在弹出的对话框中直接单击【确定】按钮；在【类选择】对话框中选择要导
出的实体；在随后的两个对话框中均直接单击【确定】按钮，完成STL文件的导出工作。

2.螺栓的创建

（1）选择【菜单】/【文件】/【新建】选项或单击▯按钮，弹出【新建】对话框，在此指定文件的名称和保存路径，如图 5-13 所示。单击【确定】按钮，进入 UG 建模模块。

（2）选择【菜单】/【插入】/【草图】选项或单击 按钮，弹出【创建草图】对话框，在【平面方法】下拉列表中选择相应选项，确定以 XY 平面作为草绘平面，如图 5-14 所示。单击【确定】按钮，退出【创建草图】对话框，进入草绘模块。

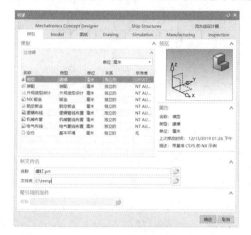

图 5-13　新建模型文件 2

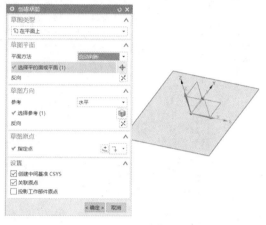

图 5-14　选择草绘平面 2

（3）单击轮廓草绘工具，在草绘平面上选择坐标原点，从原点开始，画出如图 5-15 所示的草图，并标注尺寸。单击 完成草图 图标，完成草图的绘制，返回建模界面。

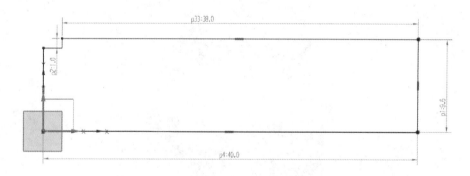

图 5-15　绘制草图

（4）创建回转特征。选择【菜单】/【插入】/【设计特征】/【旋转】选项或单击 按钮，弹出【旋转】对话框，确认选择过滤器为【相连曲线】；在【截面】选区的【选择曲线】处选择刚刚创建的草图；在【轴】选区的【指定矢量】处选择 XC 轴，在【指定点】处选择原点；在【限制】选区的【开始】下拉列表中选择【值】选项，在相应的【角度】数值框中输入 0，在【结束】下拉列表中选择【值】选项，在相应的【角度】数值框中输入 360。单击【确定】按钮，创建完成的回转特征如图 5-16 所示。

图 5-16　创建完成的回转特征

（5）选择【菜单】/【插入】/【草图】选项，再次弹出【创建草图】对话框，在【平面方法】下拉列表中选择刚刚回转的实体最上方的平面作为草绘平面。单击【确定】按钮，退出【创建草图】对话框，进入草绘模块。单击多边形草绘工具⊙，在草绘平面上选择坐标原点，半径为 12mm，角度为 90°，将前面的锁定勾上，这样就绘制出了一个六边形，如图 5-17 所示。单击 完成草图 图标，完成草图的绘制，返回建模界面。

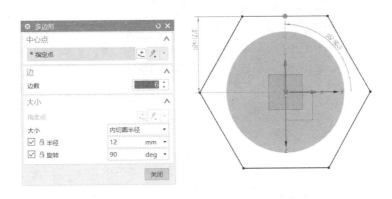

图 5-17　创建六边形草图

（6）选择【菜单】/【插入】/【设计特征】/【拉伸】选项或单击【拉伸】按钮，弹出【拉伸】对话框，确认选择过滤器为【区域边界曲线】；在【截面】选区的【选择曲线】处选择刚刚创建的草图中的六边形，在【距离】数值框中输入 12，单击【确定】按钮，如图 5-18 所示。

图 5-18　拉伸草图

（7）选择【菜单】/【插入】/【草图】选项或单击▒按钮，弹出【创建草图】对话框，在【平面方法】下拉列表中选择六边形所在的平面作为草绘平面。单击圆形草绘工具○，在草绘平面上选择坐标原点，直径为 22mm，结果如图 5-19 所示。单击▒完成草图图标，完成草图的绘制，返回建模界面。

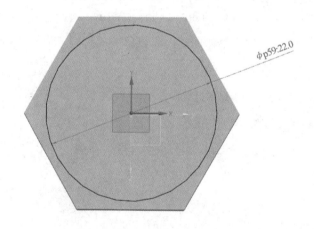

图 5-19　圆形的绘制 3

（8）选择【菜单】/【插入】/【设计特征】/【拉伸】选项或单击【拉伸】按钮▒，弹出【拉伸】对话框，确认选择过滤器为【区域边界曲线】；在【截面】选区的【选择曲线】处选择刚刚创建的草图中的圆形；在【距离】数值框中输入 12；在【布尔】下拉列表中选择【求交】选项；在【拔模】下拉列表中选择【从起始限制】选项，在【角度】数值框中输入-60，单击【确定】按钮，如图 5-20 所示。

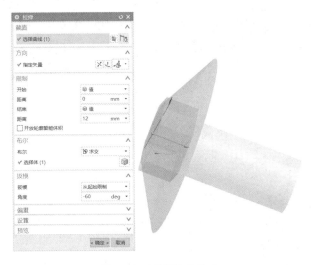

图 5-20　圆形的拉伸 3

（9）螺纹的创建。选择【菜单】/【插入】/【设计特征】/【螺纹】选项或单击 按钮，在【螺纹】对话框的【螺纹类型】选区中单击【详细】单选按钮，选中要创建螺纹的圆柱面，单击【确定】按钮，如图 5-21 所示。

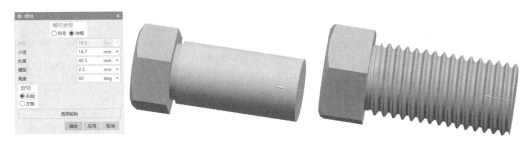

图 5-21　创建螺纹

（10）求和。单击【主页】工具栏中 合并 · 按钮，弹出【合并】对话框，在【目标】选区的【选择体】处选择螺母；在【工具】选区的【选择体】处选择螺栓，单击【确定】按钮，如图 5-22 所示。

图 5-22　布尔并运算

（11）依次单击【文件】/【导出】/【STL】按钮，在弹出的对话框中，将三角公差设置为 0.0200，单击【确定】按钮；在弹出的对话框中指定要导出的 STL 文件的名称为"螺栓.stl"；接着在弹出的对话框中直接单击【确定】按钮；在【类选择】对话框中选择要导出的实体；在随后的两个对话框中均直接单击【确定】按钮，完成 STL 文件的导出工作。

三、螺栓、螺母的打印

1. 数据处理

（1）运行 Repetier-Host 3D 打印数据处理软件，如图 5-23 所示。

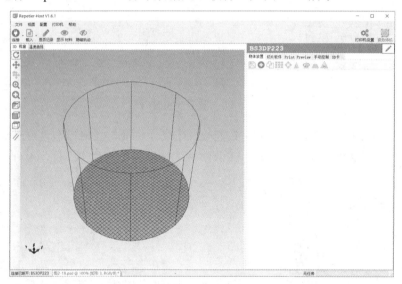

图 5-23　运行界面

（2）单击【载入】按钮 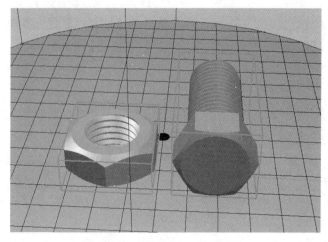，在弹出的对话框中找到"螺栓.stl"和"螺母.stl"文件，同时选中这两个文件，单击【打开】按钮，螺栓、螺母的 STL 模型会被导入成型空间，如图 5-24 所示。

图 5-24　导入螺栓、螺母模型

（3）仅选中螺栓，单击【旋转】按钮，在【Y】数值框中输入-90，如图 5-25 所示，使螺栓直立，再单击【自动布局】按钮▦，将物体自动布局在工作台上。

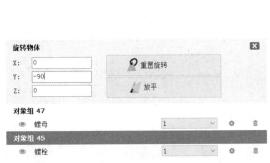
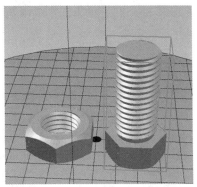

图 5-25 更改成型方向

（4）设置分层参数，单击右侧【切片软件】选项卡下的【开始切片 CuraEngine】按钮，开始切片分层。切片分层参数和分层完成的模型如图 5-26 所示，为确保修改的参数生效，一定要先单击【保存】按钮，再开始分层操作。

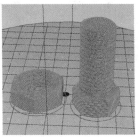

图 5-26 切片分层参数和分层完成的模型

（5）将 SD 卡插入计算机，或者将 SD 卡插入读卡器中，并将读卡器插入计算机的 USB 口中，单击【Print Preview】选项卡下的【Save to File】按钮，在弹出的对话框中选择保存路径为读卡器根目录，文件名为"螺栓螺母.gcode"。

2．模型打印

（1）打印准备。

在打印模型之前，要确保完成以下准备工作。

①材料已经安装好。

②喷头能够顺利出丝。

③喷头零点正确。

④工作台清理干净且已经调平。

（2）将存储"螺栓螺母.gcode"的 SD 卡插入打印机的 SD 卡插槽中，打开打印机底部左侧面的红色电源开关，启动 3D 打印机。

（3）单击控制面板上的【工具】/【手动】按键，在打开的界面中单击【回零】按键🏠，使各运动轴归零。

（4）触击控制面板上的【打印】按键，选择"螺栓螺母.gcode"文件，执行【打印】命令，打印机开始对热床和打印喷头加热，待加热到设定温度后，打印机开始打印，直至模型打印完成。

3．模型拆卸及后处理

模型打印完成后，用铲子慢慢撬下模型。从工作台上取下的螺栓、螺母模型如图5-27所示。

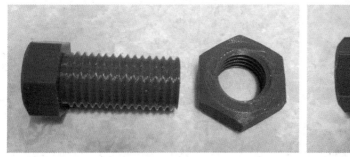

图 5-27　从工作台上取下的螺栓、螺母模型

任务二　挪车电话标牌的设计与打印

学习目标

1. 进一步熟悉 UG NX 建模的基本操作。

2. 掌握配合零件的间隙选择。

3. 进一步掌握成型方向在3D打印中的作用。

一、任务要求

据统计，截至2020年底，我国汽车保有量达2.8亿辆，而且每年以20%～30%的速度增加。停车难已经是困扰广大车主的一个麻烦问题。挪车电话标牌能很好地解决困扰广大车主的停车难问题。挪车电话标牌节省了车主出门找车位的宝贵时间，在不经意停车后，为了给他人提供方便，留下自己的电话号码，也给自己提供了方便。本任务要求设计打印一款临时停车后的挪车电话标牌，该标牌既能显示车主的手机号码，又能在不用时将号码隐藏起来，保护隐私。制作完成的挪车电话标牌如图5-28所示。

（a）遮盖前的挪车电话标牌　　　　　　　　　（b）遮盖后的挪车电话标牌

图 5-28　制作完成的挪车电话标牌

二、建模过程

1. 新建模型文件

打开 UG NX 10.0 软件，选择【菜单】/【文件】/【新建】选项或单击　按钮，弹出【新建】对话框，在此指定文件的名称和保存路径，如图 5-29 所示。单击【确定】按钮进入 UG 建模模块。

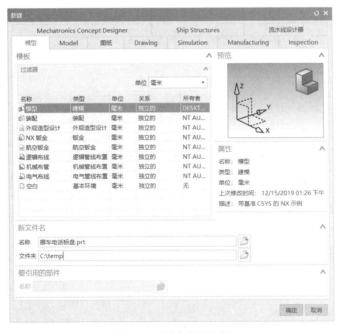

图 5-29　新建模型文件

2. 标牌主体的创建

（1）选择【菜单】/【插入】/【基准/点】/【基准平面】选项或单击　按钮，弹出【基准平面】对话框，在【类型】选区的下拉列表中选择【按某一距离】选项；在【选择平面对象】处选择 XZ 平面作为平面参考；在【偏置】选区的【距离】数值框中输入 0，如图 5-30 所示。单击【确定】按钮，完成基准平面的创建。

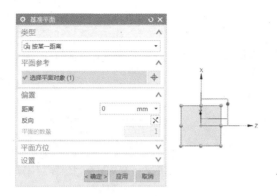

图 5-30 基准平面的创建 1

（2）选择【菜单】/【插入】/【草图】选项或单击 按钮，弹出【创建草图】对话框，在【平面方法】下拉列表中选择基准平面作为草绘平面，如图 5-31 所示。单击【确定】按钮，退出【创建草图】对话框，进入草绘模块。

图 5-31 选择草绘平面

（3）单击圆形草绘工具○，在草绘平面上选择坐标原点，直径为 15mm；单击直线草绘工具／，画出两条直线；单击【快速修剪】按钮，对草图进行修剪，然后对草图尺寸进行修改，结果如图 5-32 所示。单击 完成草图图标，完成草图的绘制，返回建模界面。

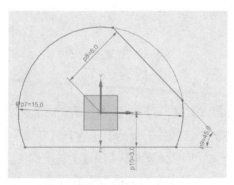

图 5-32 修改后的草图尺寸

（4）选择【菜单】/【插入】/【设计特征】/【拉伸】选项或单击【拉伸】按钮，弹出【拉伸】对话框，确认选择过滤器为【相连曲线】；在【截面】选区的【选择曲线】处选择刚刚创建的草图；在【限制】选区的【结束】下拉列表中选择【对称值】选项，在【距离】数值框中输入 50，单击【确定】按钮，如图 5-33 所示。

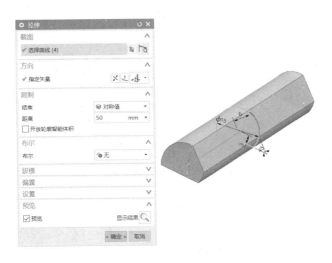

图 5-33　拉伸标牌主体

（5）文本的创建。选择【菜单】/【插入】/【曲线】/【文本】选项或单击按钮 A，弹出【文本】对话框，在【类型】选区的下拉列表中选择【面上】选项；在【选择面】处选择图 5-34 中的数字呈现区域；在【放置方法】下拉列表中选择【面上的曲线】选项，然后在【选择曲线】处选择刚才长方形斜面的最下方的长直线；在【文本属性】选区的文本框中输入所需文本，单击【确定】按钮，完成文本的创建。

图 5-34　文本的创建

（6）选择【菜单】/【插入】/【设计特征】/【拉伸】选项或单击【拉伸】按钮，弹

出【拉伸】对话框，确认选择过滤器为【相连曲线】；在【截面】选区的【选择曲线】处
选择刚刚创建的文本；在【距离】数值框中输入 0.6；在【布尔】下拉列表中选择【求和】
选项，单击【确定】按钮，如图 5-35 所示。

图 5-35　曲线的拉伸 1

（7）基准平面的创建。选择【菜单】/【插入】/【基准/点】/【基准平面】选项或单
击□按钮，弹出【基准平面】对话框，在【类型】选区的下拉列表中选择【按某一距离】
选项；在【选择平面对象】处选择 XZ 平面作为参考平面；在【偏置】选区的【距离】数
值框中输入 0，如图 5-36 所示。单击【确定】按钮，完成基准平面的创建。

图 5-36　基准平面的创建 2

3．基座的创建

（1）选择【菜单】/【插入】/【草图】选项或单击█按钮，弹出【创建草图】对话框，
在【平面方法】下拉列表中选择相应选项，确定以基准平面作为草绘平面，进入草图编
辑模式，单击【偏置曲线】按钮或▣图标，在【选择曲线】处选择刚开始由圆弧和曲线组
成的草图，如图 5-37 所示；在【距离】数值框中输入 2 和 0.2，分两次偏置（要注意偏
置方向），单击【确定】按钮，偏置曲线完成。

图 5-37　曲线的偏置

（2）选择【菜单】/【插入】/【设计特征】/【拉伸】选项或单击【拉伸】按钮，弹出【拉伸】对话框，确认选择过滤器为【区域边界曲线】；在【截面】选区的【选择曲线】处选择刚刚偏置完成的曲线；在【限制】选区中给定相应的数值，如图 5-38 所示。单击【确定】按钮，拉伸完成。

图 5-38　曲线的拉伸 2

（3）选择【菜单】/【插入】/【设计特征】/【拉伸】选项或单击【拉伸】按钮，弹出【拉伸】对话框，确认选择过滤器为【区域边界曲线】；在【截面】选区的【选择曲线】处选择刚刚偏置完成的其中一条曲线；在【距离】数值框中输入 5，如图 5-39 所示。单击【确定】按钮，拉伸完成。

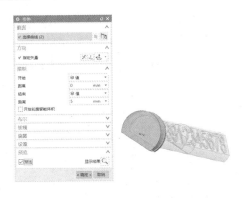

图 5-39　曲线的拉伸 3

（4）选择【菜单】/【插入】/【偏置/缩放】/【抽壳】选项或单击【抽壳】按钮 ，弹出【抽壳】对话框，确认选择过滤器为【单个面】；在【类型】选区的下拉列表中选择【移除面，然后抽壳】选项；在【选择面】处选择刚刚拉伸完成的面；在【厚度】数值框中输入 2，如图 5-40 所示。单击【确定】按钮，抽壳完成。

图 5-40　抽壳

（5）基准平面的创建。选择【菜单】/【插入】/【基准/点】/【基准平面】选项或单击 按钮，弹出【基准平面】对话框，在【类型】选区的下拉列表中选择【按某一距离】选项；在【选择平面对象】处选择 XZ 平面作为参考平面；在【偏置】选区的【距离】数值框中输入 0，如图 5-41 所示。单击【确定】按钮，完成基准平面的创建。

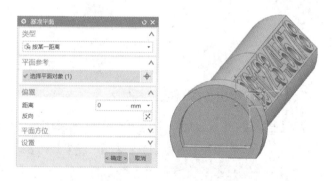

图 5-41　基准平面的创建 3

（6）选择【菜单】/【插入】/【草图】选项或单击 按钮，弹出【创建草图】对话框，在【平面方法】下拉列表中选择相应选项，确定以基准平面作为草绘平面，进入草图编辑模式，单击【偏置曲线】按钮或 图标，在【选择曲线】处选择圆弧；在【距离】数值框中输入 1；要注意偏置方向，如图 5-42 所示。单击【确定】按钮，偏置曲线完成，然后用修剪指令修剪多余的曲线，结果如图 5-43 所示。

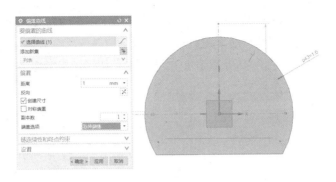

图 5-42　偏置曲线

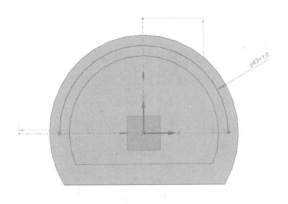

图 5-43　修剪完成的草图

（7）选择【菜单】/【插入】/【设计特征】/【拉伸】选项或单击【拉伸】按钮，弹出【拉伸】对话框，确认选择过滤器为【单条曲线】；在【截面】选区的【选择曲线】处选择刚刚画好的曲线，如图 5-44 所示，在【结束】下拉列表中选择【对称值】选项，在【距离】数值框中输入 50；在【偏置】下拉列表中选择【对称】选项，在【偏置】数值框中输入 0.3。单击【确定】按钮，拉伸完成。

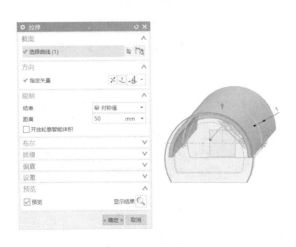

图 5-44　曲线的拉伸 4

（8）选择【菜单】/【插入】/【组合】/【减去】选项或单击按钮⬚，弹出【求差】对话框，在【目标】选区的【选择体】处选择刚才的拉伸体；在【工具】选区的【选择体】处选择相应的选择体，如图 5-45 所示。单击【确定】按钮，求差完成。

图 5-45　求差

（9）选择【菜单】/【插入】/【同步建模】/【偏置区域】选项或单击按钮⬚，在【选择面】处选择之前偏置两次圆弧而形成的区域面，如图 5-46 所示。单击【确定】按钮，偏置区域完成。

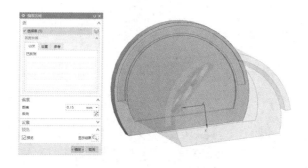

图 5-46　偏置区域

（10）创建修剪体。

选择【菜单】/【插入】/【修剪】/【修剪体】选项或单击按钮⬚，弹出【修剪体】对话框，在【目标】选区的【选择体】处选第（7）步完成的拉伸体；在【工具选项】下拉列表中选择【面或平面】选项，在【选择面或平面】处选择 YZ 平面，如图 5-47 所示。单击【确定】按钮，修剪体完成。

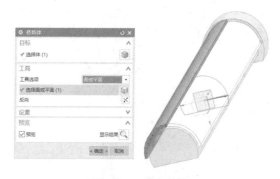

图 5-47　创建修剪体

（11）选择【插入】/【关联复制】/【镜像几何体】选项或单击 按钮，弹出【镜像几何体】对话框，在【选择对象】处选择第（7）、（8）步中完成的实体，如图 5-48 所示，在【指定平面】处选择之前创建的基准平面。完成的挪车电话标牌模型如图 5-49 所示。

图 5-48　镜像几何体

图 5-49　完成的挪车电话标牌模型

三、挪车电话标牌的打印

1. 挪车电话标牌主体的打印

（1）运行 Repetier-Host 3D 打印数据处理软件，如图 5-50 所示。

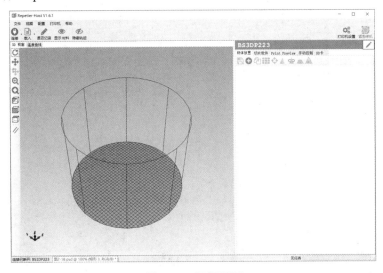

图 5-50　运行界面

163

（2）单击【载入】按钮，在弹出的对话框中找到"挪车电话标牌主体.stl"文件，单击【打开】按钮，挪车电话标牌主体模型会被导入成型空间，如图5-51所示。

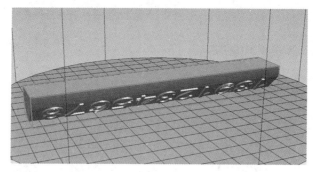

图5-51 导入挪车电话标牌主体模型

（3）单击【旋转】按钮，在【Y】数值框中输入225，如图5-52所示，使挪车电话标牌直立；单击【物体对中】按钮，将物体放置在工作台中央。

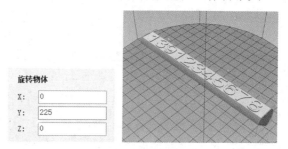

图5-52 更改成型方向1

（4）设置分层参数。为保证模型与工作台的结合强度，在打印时，需要在【结合类型】下拉列表中选择【Brim】选项；单击右侧【切片软件】选项卡下的【开始切片CuraEngine】按钮，开始切片分层。分层参数和分层完成的模型如图5-53所示。

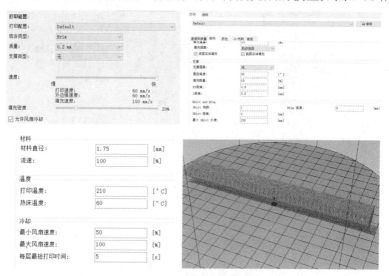

图5-53 分层参数和分层完成的模型

（5）在【可视化】选区中选中【显示指定的层】单选按钮，可以显示指定层的打印路径，通过调整【结束层】上的滑动条，可以改变显示的层数，如图 5-54 所示，在此处可以找到文字凸出的层数（96），并记录其层数。

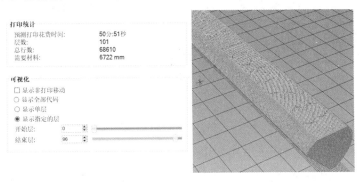

图 5-54　显示指定层

（6）为了使主体上的电话号码更醒目，需要在指定层更换材料，打印机打印到指定层时会暂停，操作者更换材料后，继续打印。选择【G code 编辑】选项卡，出现 G-Code 代码编辑页面，在【Search】文本框中输入"LAYER:96"（96 为刚才记录的层数），单击【Search】按钮，找到";LAYER:96"这一行，在该行前面按 Enter 键，插入空行，并在空行中输入"M0"，当打印到此行时，打印机会暂停，此时可以更换材料，继续打印。

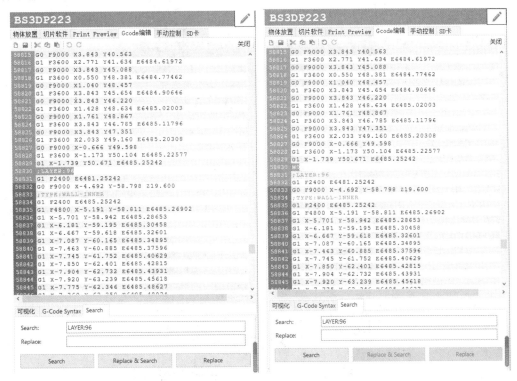

图 5-55　指定暂停

（7）将 SD 卡插入计算机，或者将 SD 卡插入读卡器中，并将读卡器插入计算机的

USB口中，单击【Print Preview】选项卡下的【Save to File】按钮，在弹出的对话框中选择保存路径为读卡器根目录，文件名为"挪车电话标牌主体.gcode"。

（8）打印准备。在打印模型之前，要确保完成以下准备工作。

①材料已经安装好。

②喷头能够顺利出丝。

③喷头零点正确。

④工作台清理干净且已经调平。

（9）将存储"挪车电话标牌主体.gcode"的SD卡插入打印机的SD卡插槽中，打开打印机底部左侧面的红色电源开关，启动3D打印机。

（10）触击控制面板上的【工具】/【手动】按键，在打开的界面中触击【回零】按键🏠，使各运动轴归零。

（11）触击控制面板上的【打印】按键，选择"挪车电话标牌主体.gcode"文件，执行【打印】命令，打印机开始对热床和打印喷头加热，待加热到设定温度后，打印机开始打印。当打印机暂停时，更换不同颜色的打印材料，直至模型打印完成。

（12）模型打印完成后，用铲子慢慢撬下模型。从工作台上取下的挪车电话标牌主体模型如图5-56所示。

图5-56 从工作台上取下的挪车电话标牌主体模型

2. 挪车电话标牌其他零件的打印

（1）运行Repetier-Host 3D打印数据处理软件。

（2）单击【载入】按钮➕，在弹出的对话框中找到"挪车电话标牌底座.stl"和"挪车电话标牌盖板.stl"文件，单击【打开】按钮，挪车电话标牌底座和挪车电话标牌盖板模型会被导入成型空间，如图5-57所示。

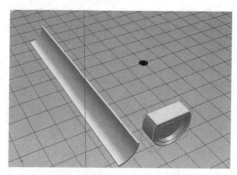

图5-57 导入挪车电话标牌底座和挪车电话标牌盖板模型

（3）选中挪车电话标牌底座模型，单击【旋转】按钮☜，在【Y】数值框中输入 180，使底座底部平面放置在工作台上；选中挪车电话标牌盖板模型，单击【旋转】按钮☜，在【Y】数值框中输入 45，单击【物体对中】按钮✥，将物体放置在工作台中央，如图 5-58 所示。

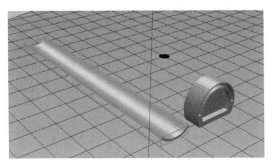

图 5-58　更改成型方向 2

（4）选中挪车电话标牌底座模型，单击【复制】按钮⌗，在【拷贝数量】数值框中输入 1，结果如图 5-59 所示。

图 5-59　复制模型

（5）设置分层参数。单击右侧【切片软件】选项卡下的【开始切片 CuraEngine】按钮，开始切片分层。分层参数和分层后的结果如图 5-60 所示。

图 5-60　分层参数和分层后的结果

（6）将 SD 卡插入计算机，或者将 SD 卡插入读卡器中，并将读卡器插入计算机的USB 口中，单击【Print Preview】选项卡下的【Save to File】按钮，在弹出的对话框中选择保存路径为读卡器根目录，文件名为"挪车电话标牌.gcode"。

（7）打印准备。在打印模型之前，要确保完成以下准备工作。

①材料已经安装好。

②喷头能够顺利出丝。

③喷头零点正确。

④工作清理干净且已经调平。

（8）将存储"挪车电话标牌.gcode"的SD卡插入打印机的SD卡插槽中，打开打印机底部左侧面的红色电源开关，启动3D打印机。

（9）触击控制面板上的【工具】/【手动】按键，在打开的界面中触击【回零】按键🏠，使各运动轴归零。

（10）触击控制面板上的【打印】按键，选择"挪车电话标牌.gcode"文件，执行【打印】命令，打印机开始对热床和打印喷头加热，待加热到设定温度后，打印机开始打印，直至模型打印完成。

（11）模型打印完成后，用铲子慢慢撬下模型。从工作台上取下的挪车电话标牌底座、挪车电话标牌盖板和组装后的模型如图5-61所示。

图5-61　从工作台取下的挪车电话标牌底座、挪车电话标牌盖板和组装后的模型

任务三　摩天轮的建模与打印

学习目标

1. 掌握支撑的设置技巧。

2. 掌握3D打印中减少支撑的方法。

3. 进一步熟悉配合零件的间隙选择。

一、任务要求

摩天轮是非常受人喜欢的一种游乐设施，本任务要求利用 UG NX 10.0 软件，通过基本的建模命令完成摩天轮的三维模型的设计和打印。摩天轮由摩天轮底座、旋转骨架、吊篮三部分组成，如图 5-62 所示，各部分通过装配组合成一体，既有过渡配合又有间隙配合，因此，在设计制作时要控制好精度。

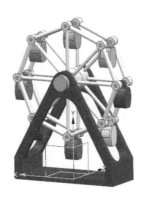

图 5-62　摩天轮

二、摩天轮的建模

1. 新建模型文件

打开 UG NX 10.0 软件，选择【菜单】/【文件】/【新建】选项或单击▭按钮，弹出【新建】对话框，在此指定文件的名称和保存路径，如图 5-63 所示。单击【确定】按钮，进入 UG 建模模块。

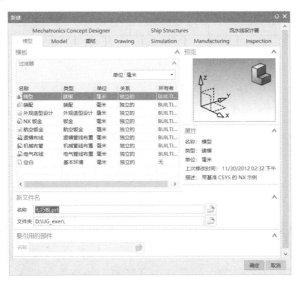

图 5-63　新建模型文件

2．摩天轮底座的创建

（1）选择【菜单】/【插入】/【草图】选项或单击按钮，弹出【创建草图】对话框，在【平面方法】下拉列表中选择相应选项，确定以 XY 平面作为草绘平面，如图 5-64 所示。单击【确定】按钮，退出【创建草图】对话框，进入草绘模块。

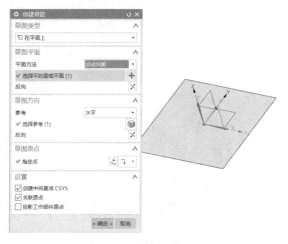

图 5-64　选择草绘平面

（2）使用【草图】命令绘制草图，如图 5-65 所示。单击 完成草图图标，完成草图的绘制，返回建模界面。

提示：在绘制摩天轮底座草图时，为保证绘图的准确性，要灵活运用草绘时的自动捕捉功能和自动约束功能。

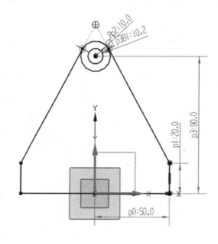

图 5-65　摩天轮底座草图

（3）选择【菜单】/【插入】/【设计特征】/【拉伸】选项或单击【拉伸】按钮，弹出【拉伸】对话框，确认选择过滤器为【区域边界曲线】；在【截面】选区的【选择曲线】处选择刚刚创建的草图中的外侧大轮廓；在【距离】数值框中输入 20，单击【确定】按钮，如图 5-66 所示。

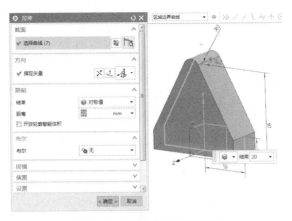

图 5-66 摩天轮底座的创建

（4）选择【菜单】/【插入】/【偏置/缩放】/【抽壳】选项或单击【抽壳】按钮 ，弹出【抽壳】对话框，确认选择过滤器为【相切面】；在【选择面】处选择正反两个面，将厚度设置为 5mm，单击【确定】按钮，如图 5-67 所示。

图 5-67 摩天轮底座抽壳 1

（5）同理，选择【菜单】/【插入】/【偏置/缩放】/【抽壳】选项或单击【抽壳】按钮 ，弹出【抽壳】对话框，确认选择过滤器为【单个面】；在【选择面】处选择内外侧面；将厚度设置为 5mm，单击【确定】按钮，如图 5-68 所示。

图 5-68 摩天轮底座抽壳 2

（6）使用直线工具绘制直线。绘制完成的底座草图如图 5-69 所示。单击 完成草图图标，完成草图的绘制。

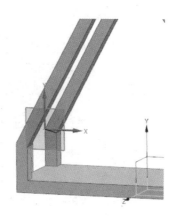

图5-69　绘制完成的底座草图

（7）选择【菜单】/【插入】/【设计特征】/【拉伸】选项或单击【拉伸】按钮，
弹出【拉伸】对话框，确认选择过滤器为【单条曲线】；在【截面】选区的【选择曲线】
处选择刚刚创建的草图中的轮廓；在【距离】数值框中输入30.5；在【布尔】下拉列表
中选择【求和】选项，在【选择体】处选择底座，单击【确定】按钮，如图5-70所示。

图5-70　拉伸命令1

（8）选择【菜单】/【插入】/【设计特征】/【拉伸】选项或单击【拉伸】按钮，弹
出【拉伸】对话框，确认选择过滤器为【区域边界曲线】；在【截面】选区的【选择曲线】
处选择创建的草图中的圆环轮廓；在两个【距离】数值框中分别输入15和20，在【布
尔】下拉列表中选择【求和】选项，在【选择体】处选择底座，单击【确定】按钮，如
图5-71所示。

图 5-71　拉伸命令 2

（9）执行同样的拉伸命令以拉伸另一侧，最后进行布尔求和运算，如图 5-72 所示。

图 5-72　拉伸命令 3

（10）选择【菜单】/【插入】/【细节特征】/【边倒圆】选项或单击【边倒圆】按钮 ，弹出【边倒圆】对话框，确认选择边为直角边，半径为 10mm，单击【确定】按钮，如图 5-73 所示。

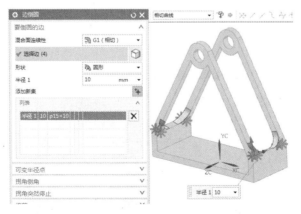

图 5-73　边倒圆命令

（11）选择【菜单】/【插入】/【细节特征】/【面倒圆】选项或单击【面倒圆】按钮

, 弹出【面倒圆】对话框, 确认选择类型为默认的两个定义面链, 面链 1 和面链 2 选择如图 5-74 所示的两平面, 截面方向为滚球方向, 圆角宽度方法为自然变化, 形状为圆形, 半径方法为恒定, 半径为 19mm, 单击【确定】按钮, 如图 5-74 所示。

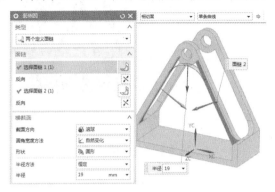

图 5-74　面倒圆命令 1

（12）同理, 对另一侧也执行【面倒圆】命令, 各参数同第（11）步中的参数, 如图 5-75 所示。

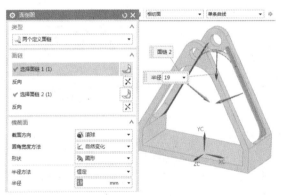

图 5-75　面倒圆命令 2

（13）选择【菜单】/【插入】/【同步建模】/【偏置区域】选项或单击【偏置区域】按钮, 弹出【偏置区域】对话框, 确认选择面为内侧曲面, 偏置距离为 3mm, 单击【确定】按钮, 如图 5-76 所示。

图 5-76　偏置区域命令

3．摩天轮旋转骨架的创建

（1）选择【菜单】/【插入】/【基准/点】/【基准平面】选项或单击【基准平面】按钮□，弹出【基准平面】对话框，确认选择类型是按某一距离，参考平面为 XY 平面，距离为 10mm，单击【确定】按钮，如图 5-77 所示。

图 5-77　基准平面的创建

（2）选择【菜单】/【插入】/【草图】选项或单击█按钮，弹出【创建草图】对话框，在【平面方法】下拉列表中选择第（1）步中的基准平面作为草绘平面，单击【确定】按钮，退出【创建草图】对话框，进入草绘模块。运用【圆】【直线】等命令进行作图，采用【等长约束】【点在曲线上约束】【圆形阵列约束】等命令进行草图约束，结果如图 5-78 所示。

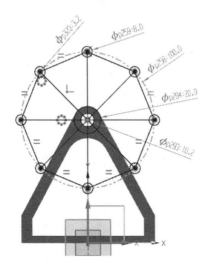

图 5-78　创建草图

（3）选择【菜单】/【插入】/【扫略】/【管道】选项或单击【管道】按钮◔，弹出【管道】对话框，确认选择其中一条直线，将横截面外径设置为 4mm，将内径设置为 0，单击【确定】按钮，如图 5-79 所示。

提示：管道命令每次只可以选择一条直线，对以上草图中的直线均要执行【管道】命令。

图 5-79　管道命令 1

（4）对草图中各直线执行【管道】命令，结果如图 5-80 所示。

图 5-80　管道命令 2

（5）选择【菜单】/【插入】/【设计特征】/【拉伸】选项或单击【拉伸】按钮，弹出【拉伸】对话框，确认选择过滤器为【单条曲线】；在【截面】选区的【选择曲线】处选择创建的草图中的圆轮廓；在【结束】下拉列表中选择【对称值】选项，在【距离】数值框中输入 3；在【布尔】下拉列表中选择【无】选项，单击【确定】按钮，如图 5-81所示。

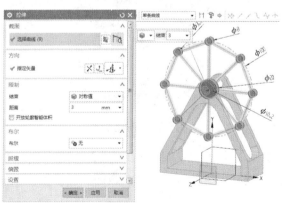

图 5-81　拉伸命令 4

（6）选择【菜单】/【插入】/【组合】/【合并】选项或单击【合并】按钮，弹出【合并】对话框，确认选择目标为其中一实体，选择工具为剩下的实体，单击【确定】按钮，如图 5-82 所示。

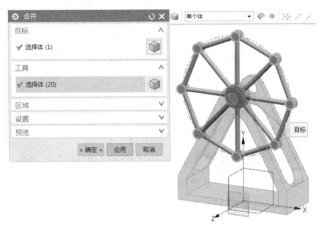

图 5-82　实体的布尔求和运算 1

（7）选择【菜单】/【插入】/【设计特征】/【拉伸】选项或单击【拉伸】按钮，弹出【拉伸】对话框，确认选择过滤器为【单条曲线】；在【截面】选区的【选择曲线】处选择创建的草图中的圆轮廓；在【结束】下拉列表中选择【对称值】选项，在【距离】数值框中输入 4；在【布尔】下拉列表中选择【求差】选项，选择体为第（6）步中的求和特征，单击【确定】按钮，如图 5-83 所示。

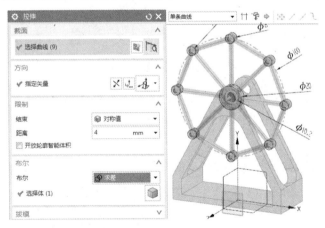

图 5-83　拉伸命令 5

（8）选择【菜单】/【插入】/【关联复制】/【镜像几何体】选项或单击【镜像几何体】按钮，弹出【镜像几何体】对话框，确认选择要镜像的特征是骨架的一半实体，镜像平面选择 XY 平面，单击【确定】按钮，如图 5-84 所示。

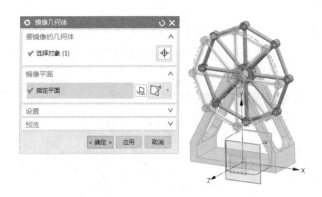

图 5-84　镜像几何体

（9）选择【菜单】/【插入】/【同步建模】/【替换面】选项或单击【替换面】按钮，弹出【替换面】对话框，确认选择要替换的面是骨架端面，替换面为另一侧骨架端面，单击【确定】按钮，如图 5-85 所示。

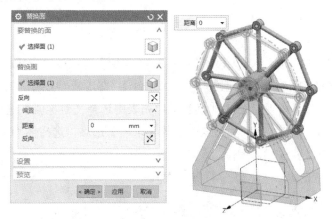

图 5-85　替换面命令

（10）选择【菜单】/【插入】/【组合】/【合并】选项或单击【合并】按钮，弹出【合并】对话框，确认选择目标为其中一实体，选择工具为剩下的实体，单击【确定】按钮，如图 5-86 所示。

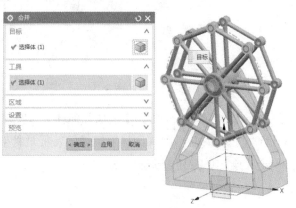

图 5-86　实体的布尔求和运算 2

（11）选择【菜单】/【插入】/【修剪】/【拆分体】选项或单击【拆分体】按钮，弹出【拆分体】对话框，确认选择目标体为旋转骨架，选择面为 XY 平面，单击【确定】按钮，如图 5-87 所示。

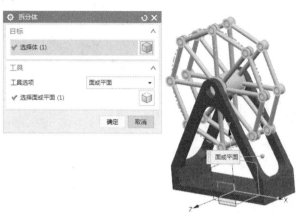

图 5-87　拆分体命令

（12）选择【菜单】/【插入】/【草图】选项或单击 按钮，弹出【创建草图】对话框，在【平面方法】下拉列表中选择相应选项，确定以旋转平面外端面作为草绘平面，单击【确定】按钮，退出【创建草图】对话框，进入草绘模块。运用【圆】【直线】等命令作图，采用【对称约束】【偏置曲线】等命令进行草图约束，结果如图 5-88 所示。

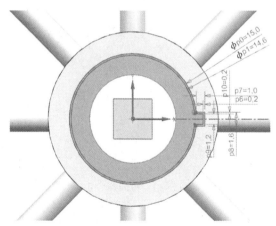

图 5-88　创建草图 2

（13）选择【菜单】/【插入】/【设计特征】/【拉伸】选项或单击【拉伸】按钮，弹出【拉伸】对话框，确认选择过滤器为【区域边界曲线】；在【截面】选区的【选择曲线】处选择草图内轮廓；在【距离】数值框中输入 19；在【布尔】下拉列表中选择【求和】选项，选择体为对侧骨架，单击【确定】按钮，如图 5-89 所示。

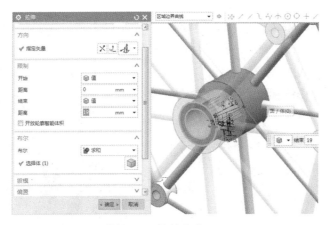

图 5-89 拉伸命令 6

（14）选择【菜单】/【插入】/【设计特征】/【拉伸】选项或单击【拉伸】按钮🖦，弹出【拉伸】对话框，确认选择过滤器为【区域边界曲线】；在【截面】选区的【选择曲线】处选择草图外轮廓；在【距离】数值框中输入 19；在【布尔】下拉列表中选择【求差】选项，选择体为同侧骨架，单击【确定】按钮，如图 5-90 所示。

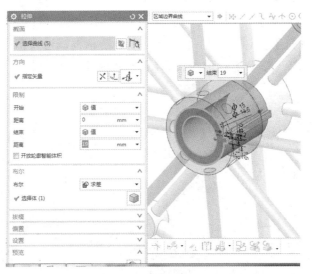

图 5-90 拉伸命令 7

（15）选择【菜单】/【插入】/【设计特征】/【拉伸】选项或单击【拉伸】按钮🖦，弹出【拉伸】对话框，确认选择过滤器为【单条曲线】；在【截面】选区的【选择曲线】处选择实体端面圆；在【距离】数值框中输入 26；在【布尔】下拉列表中选择【无】选项，单击【确定】按钮，如图 5-91 所示。

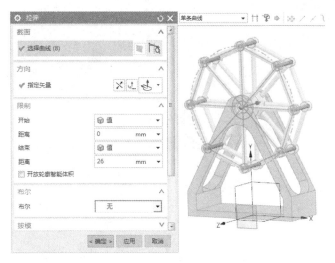

图 5-91　拉伸命令 8

4. 摩天轮旋转骨架旋转轴的创建

（1）选择【菜单】/【插入】/【设计特征】/【拉伸】选项或单击【拉伸】按钮，弹出【拉伸】对话框，确认选择过滤器为【单条曲线】；在【截面】选区的【选择曲线】处选择草图中的圆轮廓；在【结束】下拉列表中选择【对称值】选项，在【距离】数值框中输入 25；在【布尔】下拉列表中选择【无】选项，单击【确定】按钮，如图 5-92 所示。

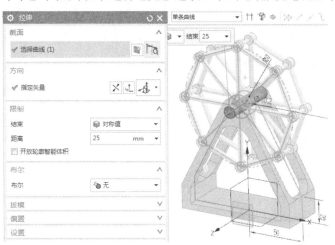

图 5-92　拉伸命令 9

（2）选择【菜单】/【插入】/【草图】选项或单击 按钮，弹出【创建草图】对话框，在【平面方法】下拉列表中选择相应选项，确定以上步拉伸端面作为草绘平面，单击【确定】按钮，退出【创建草图】对话框，进入草绘模块。运用【圆】【直线】等命令作图，采用【点在曲线上约束】命令进行草图约束，结果如图 5-93 所示。

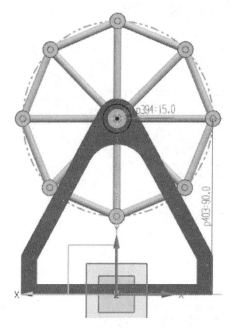

图 5-93　创建草图 3

（3）选择【菜单】/【插入】/【设计特征】/【拉伸】选项或单击【拉伸】按钮，
弹出【拉伸】对话框，确认选择过滤器为【单条曲线】；在【截面】选区的【选择曲线】
处选择草图中的圆轮廓；在【距离】数值框中输入 5；在【布尔】下拉列表中选择【求
和】选项，选择体为第（2）步的拉伸实体，单击【确定】按钮，如图 5-94 所示。

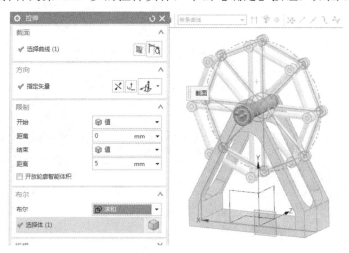

图 5-94　拉伸命令 10

（4）同理，确认另一侧选择同一个轮廓，开始距离为 40mm，结束距离为 45mm，布
尔运算为无，单击【确定】按钮，如图 5-95 所示。

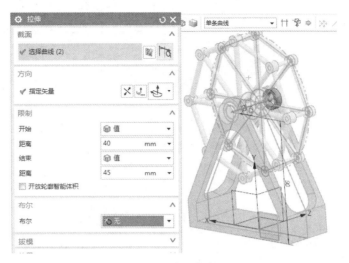

图 5-95　拉伸命令 11

（5）选择【菜单】/【插入】/【细节特征】/【倒斜角】选项或单击【倒斜角】按钮，弹出【倒斜角】对话框，确认选择两侧拉伸实体边；在【横截面】下拉列表中选择【对称】选项，将偏置距离设置为 0.5mm，单击【确定】按钮，如图 5-96 所示。

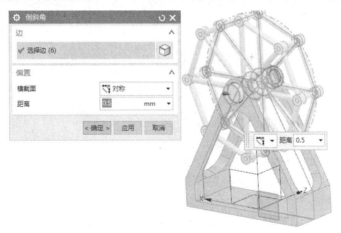

图 5-96　倒斜角

5．摩天轮吊篮的创建

（1）选择【菜单】/【插入】/【草图】选项或单击按钮，弹出【创建草图】对话框，在【平面方法】下拉列表中选择相应选项，确定以 XY 平面作为草绘平面，单击【确定】按钮，退出【创建草图】对话框，进入草绘模块。运用【圆】【直线】等命令作图，采用【点在曲线上约束】等命令进行草图约束，结果如图 5-97 所示。

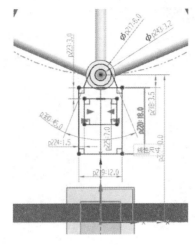

图 5-97　创建草图 4

（2）同理，选择【菜单】/【插入】/【草图】选项或单击■按钮，弹出【创建草图】对话框，在【平面方法】下拉列表中选择相应选项，确定以 YZ 平面作为草绘平面，单击【确定】按钮，退出【创建草图】对话框，进入草绘模块。运用【圆弧】【直线】等命令作图，运用【点在曲线上约束】等命令进行草图约束，结果如图 5-98 所示。

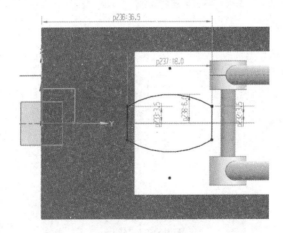

图 5-98　创建草图 5

（3）选择【菜单】/【插入】/【设计特征】/【拉伸】选项或单击【拉伸】按钮■，弹出【拉伸】对话框，确认选择过滤器为【区域边界曲线】；在【截面】选区的【选择曲线】处选择草图中的矩形轮廓；在【结束】下拉列表中选择【对称值】选项，在【距离】数值框中输入 20；在【布尔】下拉列表中选择【无】选项，单击【确定】按钮，如图 5-99 所示。

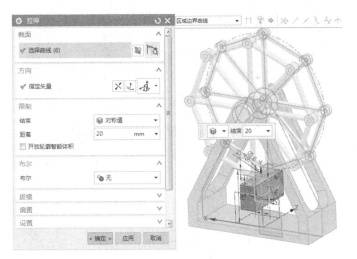

图 5-99　拉伸命令 12

（4）选择【菜单】/【插入】/【设计特征】/【拉伸】选项或单击【拉伸】按钮▣，弹出【拉伸】对话框，确认选择过滤器为【区域边界曲线】；在【截面】选区的【选择曲线】处选择草图中的外轮廓；在【结束】下拉列表中选择【对称值】选项，在【距离】数值框中输入 20；在【布尔】下拉列表中选择【无】选项，单击【确定】按钮，如图 5-100 所示。

图 5-100　拉伸命令 13

（5）选择【菜单】/【插入】/【组合】/【相交】选项或单击【求交】按钮▣，弹出【求交】对话框，确认选择目标为其中一实体，选择工具为剩下的实体，单击【确定】按钮，如图 5-101 所示。

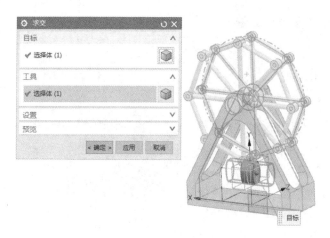

图 5-101　实体的布尔求交运算

（6）选择【菜单】/【插入】/【设计特征】/【拉伸】选项或单击【拉伸】按钮，弹出【拉伸】对话框，确认选择过滤器为【区域边界曲线】；在【截面】选区的【选择曲线】处选择草图中的矩形轮廓；在【结束】下拉列表中选择【对称值】选项，在【距离】数值框中输入 1.5；在【布尔】下拉列表中选择【求和】选项，选择体为第（5）步的求交实体，单击【确定】按钮，如图 5-102 所示。

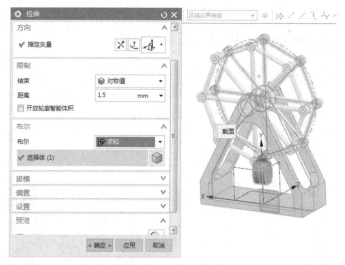

图 5-102　拉伸命令 14

（7）选择【菜单】/【插入】/【设计特征】/【拉伸】选项或单击【拉伸】按钮，弹出【拉伸】对话框，确认选择过滤器为【区域边界曲线】；在【截面】选区的【选择曲线】处选择草图中的矩形轮廓；在【结束】下拉列表中选择【对称值】选项，在【距离】数值框中输入 18；在【布尔】下拉列表中选择【无】选项，单击【确定】按钮，如图 5-103 所示。

图 5-103　拉伸命令 15

（8）选择【菜单】/【插入】/【同步建模】/【替换面】选项或单击【替换面】按钮，弹出【替换面】对话框，确认选择要替换的面是第（7）步中的拉伸端面，替换面为求交实体面，偏置距离为-1mm，单击【确定】按钮，如图 5-104 所示。

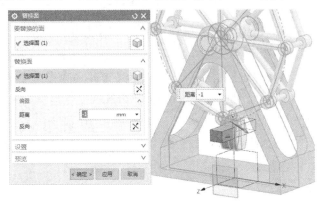

图 5-104　替换面

（9）选择【菜单】/【插入】/【组合】/【求差】选项或单击【求差】按钮，弹出【求差】对话框，确认选择目标为吊篮实体，选择工具为剩下的实体，单击【确定】按钮，如图 5-105 所示。

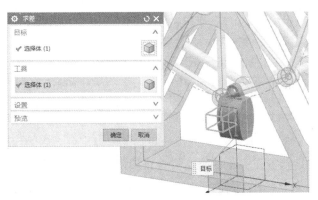

图 5-105　实体求差命令

（10）选择【菜单】/【插入】/【关联复制】/【镜像面】选项或单击【镜像面】按钮，弹出【镜像面】对话框，确认选择面是凹槽内的五个面，指定平面为 XY 平面，单击【确定】按钮，如图 5-106 所示。

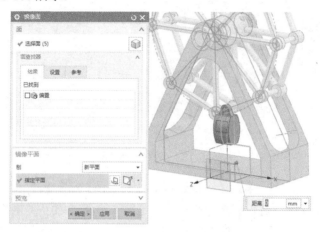

图 5-106　镜像面命令

（11）选择【菜单】/【插入】/【关联复制】/【阵列几何特征】选项或单击【阵列几何特征】按钮，弹出【阵列几何特征】对话框，确认选择几何特征为以上建模的吊篮实体，参考点为吊篮上的挂孔圆心，将阵列定义布局为圆形，指定矢量为 Z 方向，中心点为旋转骨架中心点，角度方向的间距为数量和跨距，数量为 8，跨距为 360°，方向与输入方向相同，单击【确定】按钮，结果如图 5-107 所示。

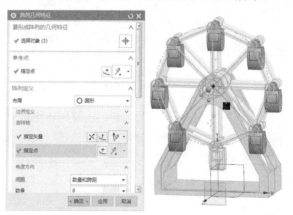

图 5-107　阵列几何特征命令

6. 导出 STL 文件

（1）依次单击【文件】/【导出】/【STL】按钮，在弹出的对话框中，将三角公差设置为 0.0200，单击【确定】按钮；在弹出的对话框中指定要导出的 STL 文件的名称（底座.stl）和保存路径；接着在弹出的对话框中直接单击【确定】按钮；在【类选择】对话框中选择要导出的实体，本实例选择底座实体；在随后的两个对话框中均直接单击【确定】按钮，完成底座 STL 文件的导出工作。

（2）采用同样的方式导出"旋转骨架 A.stl""旋转骨架 B.stl""吊篮轴.stl""转轴.stl""转轴螺母.stl""吊篮.stl"的 STL 文件。

三、摩天轮的打印

1. 摩天轮底座数据处理

（1）运行 Repetier-Host 3D 打印数据处理软件，单击【载入】按钮，在弹出的对话框中找到"底座.stl"文件，单击【确定】按钮，摩天轮底座的 STL 模型会被导入成型空间，如图 5-108 所示。

（2）按照导入模型位置打印，由于存在悬臂结构，需要添加大量支撑，因此要改变成型方向：单击【旋转】按钮，在【X】数值框中输入 90，如图 5-109 所示，使底座站立放置；单击按钮，将物体放置在工作台中央。

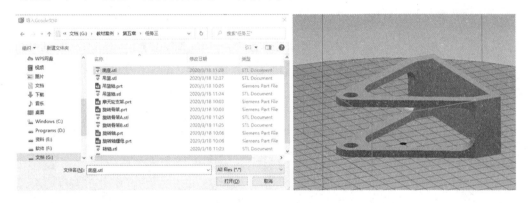

图 5-108　导入摩天轮底座模型

图 5-109　确定成型方向

（3）确认分层参数，如图 5-110 所示，单击【开始切片 CuraEngine】按钮，开始切片分层，结果如图 5-110 所示。

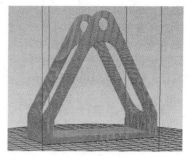

图 5-110 分层参数和切片后的模型

（4）将 SD 卡插入计算机，或者将 SD 卡插入读卡器中，并将读卡器插入计算机的 USB 口中，单击【Print Preview】选项卡下的【Save to File】按钮，在弹出的对话框中选择保存路径为读卡器根目录，文件名为"底座.gcode"。

2．旋转骨架数据处理

（1）运行 Repetier-Host 3D 打印数据处理软件，单击【载入】按钮，在弹出的对话框中找到"旋转骨架 A.stl"文件，单击【确定】按钮，旋转骨架 A 的 STL 模型会被导入成型空间，如图 5-111 所示。

（2）观察模型摆放位置，确定模型按如图 5-111 所示的位置摆放，因为此位置添加的支撑数量最少，能够最大限度地保证打印效率和打印精度。

图 5-111 导入旋转骨架 A 模型

（3）确认分层参数，如图 5-112 所示，在【支撑类型】下拉列表中选择【接触热床】选项，单击【开始切片 CuraEngine】按钮，开始切片分层。

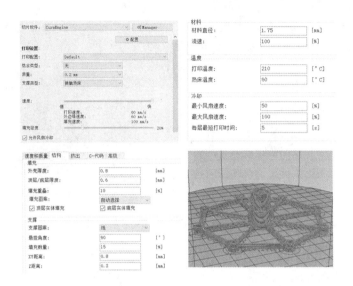

图 5-112　分层参数和分层后的旋转骨架 A

（4）将 SD 卡插入计算机，或者将 SD 卡插入读卡器中，并将读卡器插入计算机的 USB 口中，单击【Print Preview】选项卡下的【Save to File】按钮，在弹出的对话框中选择保存路径为读卡器根目录，文件名为"旋转骨架 A.gcode"。

（5）同样，对旋转骨架 B 进行分层操作，得到"旋转骨架 B.gcode"。

说明：旋转骨架 A 和旋转骨架 B 是一个零件，但这样打印，无论如何摆放，打印时都会产生大量的支撑，对打印效率和打印精度都有一定的影响。本实例在建模时就对零件做了拆分处理，这在一定程度上减少了支撑的使用数量，感兴趣的读者也可尝试一体打印。

3. 吊篮数据处理

（1）运行 Repetier-Host 3D 打印数据处理软件，单击【载入】按钮，在弹出的对话框中找到"吊篮.stl"文件，单击【确定】按钮，吊篮的 STL 模型会被导入成型空间，如图 5-113 所示。

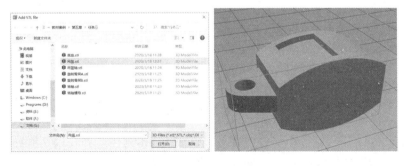

图 5-113　导入吊篮模型

（2）按照导入模型位置打印，由于存在悬臂结构，需要添加不必要的支撑，因此要改变成型方向：单击【旋转】按钮，在【X】数值框中输入 90，如图 5-114 所示，使底座站立放置；单击按钮，将物体放置在工作台中央。

图 5-114　改变成型方向

（3）单击【复制】按钮，在弹出的对话框的【拷贝数量】数值框中输入 7，勾选【增加模型后自动放置】复选框，单击【复制】按钮，如图 5-115 所示。

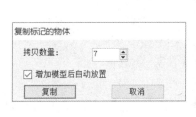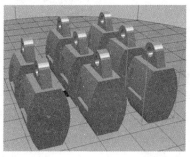

图 5-115　复制吊篮

（4）确认分层参数，单击【开始切片 CuraEngine】按钮，完成切片分层。分层参数及分层后的结果 1 如图 5-116 所示。

图 5-116　分层参数及分层后的结果 1

（5）将 SD 卡插入计算机，或者将 SD 卡插入读卡器中，并将读卡器插入计算机的 USB 口中，单击【Print Preview】选项卡下的【Save to File】按钮，在弹出的对话框中选择保存路径为读卡器根目录，文件名为"吊篮.gcode"。

4．其他零件的数据处理

（1）运行 Repetier-Host 3D 打印数据处理软件，单击【载入】按钮，在弹出的对话框中找到"转轴.stl""转轴螺母.stl""吊篮轴.stl"文件，单击【确定】按钮，将所有模型导入成型空间，如图 5-117 所示。

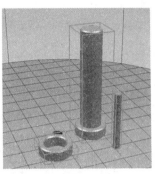

图 5-117　导入其他零件

（2）单击【复制】按钮🗗，在弹出的对话框中的【拷贝数量】数值框中输入 7，勾选【增加模型后自动放置】复选框，单击【复制】按钮，如图 5-118 所示。

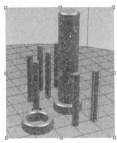

图 5-118　复制零件

（3）确认分层参数，单击【开始切片 CuraEngine】按钮，完成切片分层。分层参数及分层后的结果 2 如图 5-119 所示

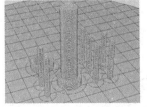

图 5-119　分层参数及分层后的结果 2

（4）将 SD 卡插入计算机，或者将 SD 卡插入读卡器中，并将读卡器插入计算机的 USB 口中，单击【Print Preview】选项卡下的【Save to File】按钮，在弹出的对话框中选择保存路径为读卡器根目录，文件名为"转轴.gcode"。

5. 模型打印

（1）打印准备。

在打印模型之前，要确保完成以下准备工作。

①材料已经安装好。

②喷头能够顺利出丝。

③喷头零点正确。

④工作台清理干净且已经调平。

（2）将存储摩天轮"底座.gcode""旋转骨架A.gcode""旋转骨架B.gcode"等文件的SD卡插入打印机的SD卡插槽中，打开打印机底部侧面的红色电源开关，启动3D打印机。

（3）触击控制面板上的【工具】/【手动】按键，再触击【回零】图标，使运动轴归零。

（4）触击控制面板上的【打印】按键，选择要打印的文件"底座.gcode"，执行【打印】命令，打印机开始对热床和打印喷头加热，待加热到设定温度，打印机开始打印，直至打印完成。

（5）用同样的方式打印其他模型。

5. 模型拆卸及后处理

（1）每个gcode文件在被打印完成后，打印机均会显示提示打印完成的对话框，触击【确定】按键，再触击控制面板上的【工具】/【手动】按键，最后触击【回零】图标，使打印头归零抬起。

（2）通常可用铲子慢慢撬下模型，若模型与工作台黏接很牢固，则可将工作台从打印机上取下，然后慢慢用力将模型铲下。

注意：在铲除模型时，一定要戴好劳保手套，防止铲伤手。

6. 打印完成的摩天轮模型

摩天轮模型由多个组件构成，打印完成的各个组件模型如图5-120~5-123所示。将打印好的模型装配到一起，即可组成完整的摩天轮模型，如图5-124所示。

图5-120 摩天轮底座

图5-121 摩天轮旋转骨架

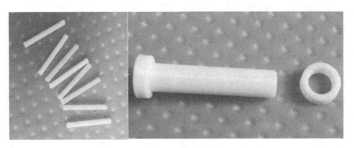

图 5-122　吊篮　　　　　　　　　　　　图 5-123　转轴和吊篮轴

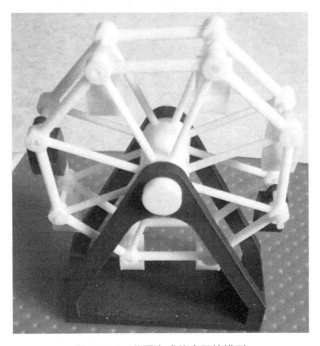

图 5-124　装配完成的摩天轮模型

参考文献

[1] 曹明元，申云波．3D 设计与打印实训教程（机械制造）[M]．北京：机械工业出版社，2017．

[2] 刘玉山．3D 打印技术应用教程[M]．北京：中国劳动社会保障出版社，2019．

[3] 陈鹏．3D 打印技术实用教程[M]．北京：电子工业出版社，2016．

[3] 陈雪芳，孙春华．逆向工程与快速成型技术应用[M]．2 版．北京：机械工业出版社，2009．